滇黔北地区天文轨道周期控制下的
旋回地层变化及有机质聚集规律研究

郎君 著

吉林大学出版社

长春

图书在版编目（CIP）数据

滇黔北地区天文轨道周期控制下的旋回地层变化及有机质聚集规律研究 / 郎君著 . —长春 : 吉林大学出版社，2021.3

ISBN 978-7-5692-8088-3

Ⅰ . ①滇… Ⅱ . ①郎… Ⅲ . ①地质旋回—研究—西南地区 Ⅳ . ① P541

中国版本图书馆 CIP 数据核字 (2021) 第 050184 号

书　　名　滇黔北地区天文轨道周期控制下的旋回地层变化及有机质聚集规律研究
　　　　　DIAN-QIANBEI DIQU TIANWEN GUIDAO ZHOUQI KONGZHI XIA DE
　　　　　XUANHUI DICENG BIANHUA JI YOUJIZHI JUJI GUILÜ YANJIU
作　　者：郎君 著
策划编辑：卢婵
责任编辑：卢婵
责任校对：陈曦
装帧设计：黄灿
出版发行：吉林大学出版社
社　　址：长春市人民大街 4059 号
邮政编码：130021
发行电话：0431-89580028/29/21
网　　址：http://www.jlup.com.cn
电子邮箱：jdcbs@jlu.edu.cn
印　　刷：广东虎彩云印刷有限公司
开　　本：787 mm×1092 mm　　1/16
印　　张：13.5
字　　数：170 千字
版　　次：2021 年 3 月　第 1 版
印　　次：2021 年 3 月　第 1 次
书　　号：ISBN 978-7-5692-8088-3
定　　价：118.00 元

前　言

由于全球各国的快速现代化建设，人们对能源的依赖程度日益增强。我国对能源的需求也十分迫切，常规能源的开发和供给已不能满足我国的高速发展进程。对全球的不可再生资源的研究表明，页岩气是最有可能完成对常规油气资源接替的能源之一。但目前针对页岩气的研究工作中普遍存在以下问题：首先，针对页岩的高分辨率等时地层划分较困难，在以生物地层进行地层格架划分时发现，并不是所有的层段中都有保存完好且有指示性的带化石，并且受井下取芯资料的限制，大多数层段难以开展这方面工作，这是在页岩气勘探开发过程中面临的基础性问题，亟须解决；其次，页岩气的勘探成本高，不能盲目进行勘探开发，而我国针对富有机质页岩的演化和聚集规律的研究程度及对有利区的识别精度还未达到领先水平。若能解决这些问题，对页岩气有利区的预测及勘探工作将更加有利。

10多年的研究和生产实践表明，扬子区的晚奥陶世至早志留世的五峰组和龙马溪组是我国页岩气勘探领域的主要目标层位。精细的地层划分对比工作，尤其是高精度的、连续的天文年代标尺的建立以及后续的等时地层对比及三维地层格架的建立，为今后的油气勘探有利层位的选择以及勘探方向部署提供了有力的科学依据。所以针对上述问题开展本次研究工作。

依据米兰科维奇旋回理论，结合信号分析学、古生态学、地层学及地球化学分析开展对滇黔北探区晚奥陶世–早志留世五峰组–龙马溪组的旋回地层研究工作。以天文轨道周期特有的比例关系为原型构建了一套针对研究区目的层段的米氏周期识别方法，并选取工区内具代表性的 3 口井为研究对象，以 GR 曲线为原始数据，通过预处理、频谱分析和小波分析等手段对目的层段展开旋回研究，并结合 Y2 井的古生物化石鉴定结果及地球划分分析测试结果进行综合探讨，得到如下结论和认识。

①研究区内选取的 3 口井均识别出保存完好的米兰科维奇轨道周期记录，分别提取周期曲线得到 Y1 井目的层沉积持续时间为 9.61 Ma，沉积物平均堆积速率为 32.25 m/Ma，Y2 井目的层沉积持续时间为 10.12 Ma，沉积物平均堆积速率为 25.28 m/Ma，Y3 井目的层沉积持续时间为 9.92 Ma，沉积物平均堆积速率为 26.6 m/Ma。目的层沉积持续时间与最新国际地质年代表对应层段时间近似，验证了方法的正确性和适应性。

②本次分析处理的 3 口井中，每口井龙马溪组上段以岩性或沉积物颗粒大小进行岩性旋回划分后，得到的旋回个数均对等于该层段所识别的轨道偏心率长周期个数，每个周期期间沉积一套粗粒–细粒沉积岩，说明龙马溪组上段地层的岩性韵律受长轨道偏心率周期的影响与控制，该结论也再一次证实了本次研究手段的适用性及精确性。

③通过古生物化石鉴定结果并结合目的层有机碳含量分布关系及轨道周期曲线得出：当偏心率周期由小变大时，气候由暖期进入冰期，TOC（总

有机碳）显示低值，该时期目的层中鉴定出的生物种属分异度低；当偏心率周期由大变小时，冰期结束，地球气候系统进入大暖期，TOC 呈现高值，且在此层段鉴定出的生物种属分异度较高；在晚奥陶世 – 早志留世界线处，目的层表现为轨道偏心率由小到大再到小的趋势，气候整体呈现出由暖期进入冰期再到暖期的规律，周期曲线的频繁波动也指明了在此期间气候的强烈频繁变换，也正因如此，在此期间大量生物发生集群绝灭事件，种属分异度低。

④将轨道周期结合有机碳同位素指标及微量元素分析测试结果得出：由有机碳同位素曲线的变化可知目的层沉积期间海平面呈现由高到低再到高的趋势，这与我们之前通过轨道偏心率得出的结论一致，偏心率由小到大再到小的变化，导致气候由暖到冷再到暖，使得原始冰盖从消融到扩张再融化，对应海平面的变化；结合有机碳含量变化曲线，能够清晰看出有机质聚集规律，暖期，TOC 高值，海平面上升，有机碳同位素负漂，对应着轨道偏心率周期由大到小的变化，该时期利于有机质聚集；冰期，TOC 低值，海平面下降，有机碳同位素正漂，对应着轨道偏心率周期由小到大的变化，该时期不利于有机质聚集；通过对微量元素比值的频谱分析，也证实了米氏周期的存在，轨道周期的变化作为原始驱动力影响着有机质的富集，体现在沉积物、古氧化还原环境、地化指标等方面。

郎　君

2020 年 12 月

目 录

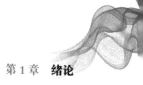

第 1 章　绪论

1.1　选题背景及研究意义

由于全球各国的快速现代化建设，人们对能源的依赖程度日益增强。我国对能源的需求也十分迫切，常规能源的开发和供给已不能满足我国的高速发展进程。对全球的不可再生资源的研究表明，页岩气是最有可能完成对常规油气资源接替的能源之一（张廷山 等，2016）。

但目前针对页岩气的研究工作中普遍存在以下问题：首先，针对页岩的高分辨率等时地层划分较困难，在以生物地层进行地层格架划分时发现，并不是所有的层段中都有保存完好且有指示性的带化石，并且受井下取芯资料的限制，大多数层段难以开展这方面工作，这是在页岩气勘探开发过程中面临的基础性问题，亟须解决；其次，页岩气的勘探成本高，而我国针对富有机质页岩的演化和聚集规律的研究程度及对有利区的识别精度还未达到领先水平。若能解决这些问题，对页岩气有利区的预测及勘探工作将更加有利。

上述问题的解决无疑会大大降低页岩气在勘探开发中所面临的困难，并且会极大地缓解我国目前所面临的能源紧张形势。所以针对上述问题开展本次研究工作。10 多年的研究和生产实践表明，扬子区的晚奥陶世至早志留世的五峰组和龙马溪组是我国页岩气勘探领域的主要目标层位。精细的地层划分对比工作，尤其是高精度的、连续的天文年代标尺的建立以及后续的等时地层对比及三维地层格架的建立，为今后的油气勘探有利层位的选择以及勘探方向部署提供了有力的科学依据。由于米兰科维奇旋回能够在时间域上对目的层段加以划分，不同于以往的岩性地层划分及生物地层描述，是对旋回地层学研究方法的扩充，具有一定的科学价值，尤其在地层界线处对时间的标定能够达到万年甚至千年级别，所以从今后的国际地层表的精细定年层面上来说，本次研究也提供了一定的理论方法。

在目的层米氏旋回研究的基础上，广泛收集研究区的钻井测井资料、露头剖面资料以及查阅前人研究成果和国内外相关研究领域文献资料，通过综合分析，总结研究区有机碳聚集特征，并与米氏旋回相结合，对比分析有机碳的聚集是否与米兰科维奇旋回有关并存在周期性，综合分析目的层段的地球化学指标，寻找它们之间的耦合关系，有助于后期的勘探开发工作。尤其对于研究区五峰组–龙马溪组有机质含量高的层段，建立轨道周期同有机质丰度的耦合关系，为我们探讨油气盆地中有机质的聚集过程和成因机制提供了一种重要的方法，具有一定指导意义。该方法不仅仅在寻找油气上体现优势，还在地层层序划分、恢复沉积古环境、定量地研究一些重大地质事件中发挥着巨大的作用。

本次选取的五峰组–龙马溪组地层沉积于晚奥陶世–早志留世时期，属于早古生代地层。我国对米兰科维奇旋回的研究多数都集中在古生代（约

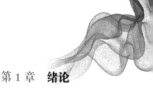

250 Ma BP 结束）之前的地层，包括中生代的三叠纪地层、侏罗纪和白垩纪部分阶层，新生代的古近系和新近系也有较多涉猎，最多的是对第四纪地层的研究工作。对于古生代，目前还停留在简单的地层划分对比工作和油气地质评价工作，对于旋回地层学的研究也只是分析地层的层序变化及体系域的分类识别，关于轨道周期的识别工作几乎并未开展，所以本次研究选择该套地层，希望能为之后的工作者在该套地层的研究中提供参考。由于研究层段处于晚古生代，地层较老，所以不能像传统的米氏旋回研究一样，借助由国外学者 Linnov 建立的轨道运行模型来计算三个轨道周期参数（岁差、斜率、偏心率），不能直接得出轨道周期曲线，而是需要开辟其他途径，寻找替代指标来完成对三参数轨道周期曲线的刻画。这也是本次研究所涉及的一项重要工作，以期建立一套老地层的米氏旋回识别方法。因此从方法的革新和创新性来讲，本次研究的开展也是十分必要的。

1.2　国内外研究现状

1.2.1　旋回地层学及国外发展简史

地球的轨道运动包括自转和公转运动。当地球处于公转轨道面时，由于受到其他天体万有引力的作用使得运行轨迹发生周期性的偏移，从而影响太阳辐射到地表的总能量，使得地球气候在局部乃至全球尺度上存在万年尺度到百万年尺度上的周期性变化。这种天文驱动的周期性的气候变化信息就被对气候变化敏感的沉积物记录在地球表层的沉积地层中，如陆地、冰盖和深海，这些周期性的变换使得沉积地层在颜色、岩性、粒度等方面表现出韵律性和旋回性特征。通过收集能够在一定程度上反应古气候变化的天文信息的替代指标，例如古土壤中的替代性指标有粒度、磁化率、孢粉、古生物反映的生态、地球化学资料、稳定同位素等，应用天文旋回理论来研究这些旋回地层记录的地层学的一个新的分支学科发展成为了今天的旋回地层学（Fischer et al.，2004）。国内外地层学和地质工作者都十分关注旋回地层学领域的研究工作，使之成为现代地层学研究的一个新亮点（Fischer et al.，2004；龚一鸣等，2008；Schwarzacher，2004）。

20 世纪 80 年代末期，国外学者 Fischer A. G. 首次提出旋回地层学的概念。在其发展过程中，出现了很多描述地层沉积记录的重复样式的专有术语，例如韵律（rhythm）、层（bed）、旋回（cycle）等，这些基本单元在垂向上可以叠置成不同级次的旋回（Schwarzacher，1993），从千年、万年再到百万年尺度的轨道周期旋回（10 ka ~ 2 Ma）是研究的重点（Hinnov，2013；Schwarzacher，2004；Strasser et al.，2007）。米兰科维奇理论的提出是基于对第四纪冰期成因的解释。早在 1842 年国外学者 Adhémar 便已经注意到第四纪冰川的形成与地球的轨道周期息息相关，在其撰写的一本专著中也有提及（Adhémar，1842）。

1885 年，苏格兰科学家 James Croll 基于 Le Verrie 的轨道变化公式以及地球轨道变化提出了一种气候变化理论。Croll 是 19 世纪一个以天文学为基础的气候变化理论的主要支持者（Fleming，2006）。他认为，冬季日照量的减少有利于雪的堆积。这是第一次将其与由日照量变化放大的冰反射率的正反馈想法相结合。当轨道偏心率高，地球处于远日点时，冬季变得更长更冷，因此，在经历高轨道偏心率期间，每个半球出现周期性的冰期旋回，并且在南北半球之间交替变化，每个半球持续时间大约为 10 ka。但到了 19 世纪末，随着相关学科在第四纪气候学的研究进展，科学家将

最后一次冰期结束的时间确定在 20 ka 前，而这与 Croll 的理论相悖。

经过近半个世纪的研究成果积累，到了 20 世纪初期，前南斯拉夫学者 Milankovitch 提出了第四纪冰期成因的天文假说，他认为北半球夏季日照量的减少是冰期形成的主要原因，首次试图定量化对比在阿尔卑斯山的第四纪冰期沉积物与太阳辐射最小值之间的关系。然而，后面的学者在研究北美冰期碳同位素的时候，没有明确证实关于日照量的计算，因此，这使得天文旋回理论再次陷入了争论之中（Imbrie，1979）。同一时期，对中生代阿尔卑斯山（Alpine）灰岩主导韵律层的研究取得了显著进展（Schwarzacher，1954）。

随后，Fischer 对此地区的研究获得成果，他发现奥地利晚三叠世 Dachstein 灰岩中存在沉积持续时间约为 40 ka 的米级旋回层，其垂向上的叠置样式指示了浅海相的沉积环境中海平面的震荡变化，后来称这种变化为洛菲尔（Lofer）旋回。然而，三叠纪的冰川作用到目前为止仍是一个谜，对这种海平面变化的驱动机制也引起了质疑，因此关于洛菲尔旋回的成因到现在还一直存在着争论（Schwarzacher，1933）。

直到深海钻探工作的进一步推进，获得了大量的第四纪岩芯记录，随着岩芯分析测试数据的公布，大多数学者渐渐开始相信气候系统受控于轨道周期的变化（Hinnov et al.，2012）。这期间不乏众多学者的激烈探讨与研究成果。1967 年，Shackleton 证明了海洋稳定氧同位素的变化大多与全球大洋容积变化有关。稍后，Hays 在 1976 年的研究表明，稳定氧同位素的记录很大程度上与地层的旋回性有关，这成为旋回地层学研究的"里程碑"。随着全球磁性地层学的发展，结合新的放射性同位素测年，发现相同的同位素信号存在于所有的海洋中，目前包括整个布容（Brunhes）极性带（0 ～ 0.78 Ma）（Imbrie et al., 1984）。最后，通过反应全球大洋容积的替代指标与较大的海平面变化的地质证据进行校准（Chappell et al., 1986；Waelbroeck et al., 2002），间接地建立了第四纪冰期与旋回之间的联系。通过对极地冰层的研究，发现了其他具有很强轨道周期频率的稳定同位素信号，这为天文轨道驱动理论提供了强有力的证据（Petitet et al., 1999）。

与此同时，利用稳定氧同位素与沉积旋回进行天文调谐（astronomical tuning）的方法，很好地证明理论可以扩展到远远超过 800 ka，比如末次冰期（Hilgen，1991；Shackleton et al., 1990）。这些具有里程碑意义的研究触发了利用稳定同位素及其他气候替代指标（包括岩性、岩相、碳酸钙含量、生物成因硅含量、磁化率、电测曲线以及灰度扫描数据等）来寻找地质历史时期的天文旋回的研究（Hinnov，2012）。从贝加尔湖的上新世 - 更新世陆相沉积物中发现了强烈的生物硅信号，它与深海稳定同位素记录以及中国的黄土序列都极为相似，都具有稳定的天文旋回周期（Prokopenko et al., 2006；Williams et al., 1997；Sun et al., 2006）。Shackleton 等早在 1995 年利用深海钻探资料已建立了一个 0 ～ 6 Ma 的连续氧同位素信号。目前，结合深海钻孔与露头资料所获取的气候替代指标的研究，科学家们已经建立了一个从新生代开始的近乎连续的天文轨道力驱动的旋回校准的地质年代，而白垩系与古近系的界线也是前些年众多天文年代学与地质学学者所关注的课题（Hilgen，2010；Hinnov，2012；Husson，2011；Kuiper，2008；Westerhold，2008）。

在国际地质年代表（GTS 2012）的第 25 ～ 27 章中，中生代的三叠纪、侏罗纪和白垩纪都已经采用了数百万年的长旋回地层序列进行天文年代校准（Gradstein et al.，2012）。如美国 Newark 盆地晚三叠世的陆相湖泊的沉积物颜色和湖水相对深度分级（depth ranks）等古气候替代指标序列，记录着完整的偏心率信号。通过 7 个钻孔组成的 6700 多 m 的综合地层剖面，建立了从晚三叠世的卡尼阶到早侏罗世的赫塘阶约 33 个百万年连续的天文年代标尺，成为了陆相旋回地层学研究的经典实例（Olsen et al.，1996；Olsen et al.，2010；Olsen et al.，2009）。

同样的旋回地层在日本中部 Inuyama 地区也有良好的地质记录，Ikeda 等研究人员在该区域发现含丰富放射虫的深海相的中三叠世的燧石 – 泥页岩互层的沉积序列，并提取出燧石和页岩厚度变化序列，基于现有的年代框架推算出每一个燧石 – 页岩层代表了大致 20 ka 的旋回，指示出每 5 个互层代表近 100 ka 的短偏心率旋回，每 20 个互层代表近 405 ka 的长偏心率的旋回驱动特征（Ikeda et al.，2010），并且识别出了 1.8 个百万年的超长偏心率旋回，因此估算出 30 多 m 的地层沉积记录了约 15 个百万年的连续天文年代标尺。意大利的 Piobbico 岩芯覆盖了早白垩世的整个阿普特阶（Aptian）和阿尔布阶（Albian），在近 77 m 长的岩芯中识别出 60 多个 405 ka 的长偏心率旋回，依次建立了长约 25.8 Ma 的高分辨率连续天文年代标尺（Grippo et al.，2003；Hinnov，2013；Huang et al.，2010a）。这些研究成果成为了当时深海沉积中旋回地层学研究的经典。对于沉积旋回地层的研究，大多集中在新生代及中生代地层，而对古生代及更老的地层的天文旋回研究相对较为薄弱，成果较少，虽然可以找寻到明显的轨道驱动的天文旋回证据，但是却没有应用到 GTS 2012 的地质年代校准中。二叠纪的 Castile 组地层是纹泥状海相蒸发岩序列，记录了具有一定周期性变化的地层序列，可见旋回性（Anderson，1982）。Goldhammer 等学者在 1994

年对美国犹他州 Paradox 盆地的石炭纪宾夕法尼亚亚纪的地层进行旋回地层研究时，发现了记录良好的大陆架碳酸盐岩旋回，指示了高频的海平面变化具有天文旋回信号的特征（Goldhammer et al.，2009）。

经典的海进海退旋回层（Heckel et al.，2008）与爱尔兰的密西西比纪半深海灰岩韵律层（Schwarzacher，1993）似乎都表现出 405 ka 长偏心率主导的旋回记录，2010 年，乌克兰 Donets 盆地的高精度地质年代与旋回地层研究支持了这一结论（Davydov et al.，2013）。

21 世纪初期，众多学者对古生代泥盆纪地层（Gong et al.，2001；Tucker et al.，2010）和志留纪地层（Crick et al.，2001；Nestor et al.，2003）的研究中均发现了保存良好的天文轨道周期控制的旋回地层记录。在更老的奥陶纪地层，地质学家也曾尝试过寻找受天文轨道周期控制的旋回地层，但这方面的成果却少之又少（Gong et al.，2001；Kim et al.，1998；Rodionov et al.，2003）。遍及全球的寒武纪–奥陶纪的碳酸盐岩浅滩旋回为米兰科维奇驱动理论提供了大量证据，尽管在当时这些高频旋回的驱动机制还并不清楚（Osleger，1995）。国外学者多旋回地层的研究一直延续到前寒武纪，这部分地层中依然存在着天文轨道旋回信号的证据，如加拿大西北部古元古代（1.89 Ga）被动陆源沉积的 Rocknest 组存在向上变浅的浅海碳酸盐岩序列的米级旋回（Grotzinger，1986），以及新太古代（2.65 Ga）Cheshire 组的碳酸盐岩台地序列（Hofmannet et al.，2004）。同样地，具有较强旋回性，持续时间长的条带状铁建造（banded iron formations，BIFs）一直被推测可能记录了早期的米兰科维奇旋回（Hälbich et al.，1993），但迄今只有 Franco 等（2008）的研究试图将 BIFs 所代表的米兰科维奇旋回定量化。

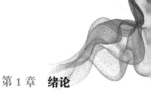

1.2.2　旋回地层学国内研究进展

旋回地层学作为地层学的一个分支学科，近些年迅速发展，不仅在国外引起一大批相关学者的激烈探讨，在我国也很早就得到了相关领域研究人员的密切关注，起初大多是对国外学者的成果的总结归纳与应用（陈秉麟，1980；张勤文 等，1986；刘立 等，1994；吴智勇，1995；吴智勇 等，1996；戴新刚，1996；张金川 等，1996；柳永清，1998；徐强 等，2003）。在 20 世纪 80 年代初，徐钦琦对当时探讨火热的米兰科维奇理论提出了自己的看法，他并不认同米氏关于"北纬 65° 地区天文辐射夏半年总量的多寡会决定全球性冰川的消长"的说法。他认为，当地轴斜率从 0° 逐渐增大到 30° 时，北半球高纬度（65°）地区天文辐射量在夏半年的总量会大幅度增长，而相对于高纬的北半球低纬度地区的冬半年天文辐射总量则会逐渐减少。这与全球平均气温的逐渐下降相吻合，因此徐钦琦从理论上认为，北纬 35° 地区冬半年天文辐射总量的多寡大体上可以代表全球平均气温的升降（徐钦琦，1980；徐钦琦，1987）。1987 年，徐钦琦就地球轨道变化对生物进化的影响进行了探讨，文中指出研究地球表层的生物进化、气候变迁以及地球轨道之间的相互关系问题都是从属于地球表层学的研究范围。1993 年，中国地质大学梅冥相教授在前人研究成果的基础上，通过野外剖面勘查，将碳酸盐岩米级旋回层序分为四大类，介绍了不同类型的米级旋回层序，并探讨了如何运用它们去识别较长周期的低频海平面变化旋回（梅冥相，1993）。对于长周期海平面变化的识别，费希尔图解法也可以实现（梅冥相，1995）。随后李培廉将米氏旋回与层序地层理论相结合，通过捕获有效的米氏旋回信息并结合其他资料对第三系平湖组和花港组地层进行层序地层划分，并且计算出研究层段的沉积持续时间以及沉积物堆积速率，粗略地模拟了研究层段的年代地层格架，进行微地层分析（李培廉，1994）。同年，刘立和薛林福系统地介绍了旋回地层学的基本原理以及研究手段，阐述了轨道施加力与旋回地层之间的关系，并提出，想要更好地将旋回地层学研究推向新的阶段，首先要解决的问题是如何将地层记录中各种"噪声"剔除（刘立 等，1994）。1995年，吴智勇在《地层学杂志》发表文章，简要介绍了米氏周期三要素，认为米兰科维奇韵律层可作为盆际或盆地内地层对比的重要辅助手段，其精度要高于现在比较普遍的生物地层对比及同位素测年法（吴智勇，1995）。

到了20世纪末期，我国科研工作者对米兰科维奇理论的研究探讨空前激烈，出现了各种科研成果。陈中强用测井伽马曲线对我国塔里木盆地以及珠江口盆地的几口井的井下地层进行米氏旋回分析，利用滑移窗口频谱分析方法，计算得到的频谱图中的峰值频率处的波长比值与对应地层处的米兰科维奇理论周期比值几乎一致，证实了石炭纪与第三纪地层中米兰科维奇旋回的存在（陈中强，1996）；金之钧在研究米兰科维奇旋回识别问题时指出，部分研究者已经将米氏旋回的研究领域扩展到了古生代乃至太古代（王立峰，1994；柳永清 等，1999；孟祥化 等，1996），但值得注意的是，此时的天文轨道周期并不是一成不变的，4 Ga BP以来，米兰科维奇周期随时间一直处于变化之中，而旋回周期与时间的变化关系目前还处于理论计算阶段，一般认为，0.3 Ga BP以来米兰科维奇3个主要的周期值与现在相同（金之钧 等，1997）；喻艺 等（1998）对贵州南部大贵州滩碳酸盐岩台地高频旋回的堆积形式进行研究时，将旋回的叠置样式与地球轨道参数周期建立了关系，将早三叠世滨潮坪旋回同美国晚寒武世碳酸盐岩滨潮坪比较，发现相组合与堆积形式十分相似，计算得出的小旋回与小旋回组的平均年龄（33.3 ka 和 400 ka）分别与当时地球轨道的斜率周期 34 ka 和绕日轨道的偏心率长周期 413 ka 很接近，推测其成因与地球轨道参数变化有关；对米氏旋回的研究主要通过两种深度域的频谱分析以及小波分析的方法展开（齐永安 等，1998；雷克辉 等，1998；陈茂山，1999），江大勇等人通过讨论化学旋回的同时性和区域性验证了广西泥盆系也存在米兰科维奇旋回，并计算得出六景的化学旋回的平均年限为 100 ka（江大勇 等，1999）；利用小波分析这一技术手段，金之钧等人在塔里木盆地塔中地区建立了下志留统的年代地层框架，为沉积速率的计算打下了基础（金之钧，1999）。

进入 21 世纪后，旋回地层学在我国的发展越来越迅速，研究层位越来越多，所涉及的区域盆地越来越广，研究内容及技术手段越来越丰富，研究成果也趋于对生产实践具有指导意义，从定性的观察描述到定量的理论计算阶段，并且将古气候的变化与重建与米氏周期的结合越来越紧密。胡受权等（2000，2002）在研究古气候对泌阳断陷第三系核三上段高频层序发育的影响作用中指出，由地球三个轨道参数所驱动的古气候变迁，分别形成周期为 100 ka 或 400 ka、40 ka 及 20 ka 的高频层序、小层序及小层单元，证实了所提观点的正确性，在陆相湖盆分析中有较好的应用前景，实现手段创新和多领域结合发展，为以后的研究指明了方向（刘宝珺 等，2002）；李庆谋设计了小波波谱分析方法及其快速算法程序，识别序列中存在的周期特征、位置，以往的周期图方法不能完全得到这些信息（李庆谋 等，2002）；顾震年利用黄土剖面的磁化率和粒度资料，运用不同的数据分析方法，不仅证实了偏心率、斜率及岁差周期的存在，而且利用小波变换表明，多种古环境的综合影响着古气候的变化（顾震年，2002）；龚一鸣认为，F-F 事件前后超层序组与层序组间级序结构的变化可能是由 F-F 事件期间的多次陨击事件对地球绕日轨道的偏心率周期造成影响所导致的，并利用米兰科维奇旋回研究成果使弗拉阶 – 法门阶处的地层划分对比精度精确到 10 万年级和万年级别。我国学者一直在努力尝试创新和改进米兰科维奇理论地质定年效果。陈清华等人提出一种新的定年方法，该方法的数学表达式更便于计算机运算处理，更易实现自动化（陈清华 等，2003）；又如，陆先亮提出的地层划分新方法，定义了斜率和岁差发育状况函数，用此函数来表示研究层段的米氏周期发育程度，分析地层连续性，判断沉积间断面位置进而进行小层划分，编写程序，实现计算机自动识别划层，避免了人工分层的主观误差，速度快，精度高（陆先亮 等，2003）；郑兴平等在识别川东与重庆北交界处的飞仙关组地层时，应用 Th/K（钍钾比）指标做频谱分析，识别出表现较强的偏心率周期信息，因此对于高频层序研究来说，波谱数字处理是必需的技术手段（郑兴平 等，1988；梅冥相，1995；贾承造 等，2002）；来自中国科学院广州地球化学研究所的李斌等人，利用小波分析技术对鄂尔多斯盆地靖安油田的延长组进行米氏周期的研究，数据预处理后进行频谱分析，确定储层厚度旋回并验证了与偏心率周期的关系（李斌 等，2005）。我国学者对于早古生代的研究并不多见。来自杭州地质研究所的吴兴宁在总结前人研究成果的基础上，将塔中地区奥陶系米级旋回层序分为四大类（L-M 型、下斜坡 – 深水盆地非对称型、潮下型以及环潮坪型），阐明其发育于不同的沉积环境，受控于不同的气候驱动条件，主要体现在地球轨道三要素变化导致的全球海平面升降变化（吴兴宁 等，2005）。

我国在旋回地层学研究进程中也有很多新发现。大多数古气候重大事件往往发生在偏心率周期振幅弱的时期，此时期古气候容易受到其他因素的影响，例如，中新世的气候变冷事件（Mi 事件），$\delta^{18}O$ 变重的标志位置基本上都与偏心率周期振幅较弱时段吻合（Beaufort，1994）。振幅的高低代表地球公转椭圆轨道的最扁到最圆的形状变化（李前裕 等，2005），也就是说当偏心率周期为强振幅时，北半球近日点离太阳最近，则北半球夏季的日照量最大（Berger et al.，1991）。多年的科研实践证明，旋回地层研究结果可通过堆积速率等把地层在深度域的数据转换为时间域，并以此来建立年代地层格架，精确定年，划分地层年代界限。徐道一在对中生界的石炭系和二叠系的研究中，把米氏周期中的轨道偏心率长周期（405 ka，E1）作为地质时间单位（地质年），依据研究成果划分了多个气候层和气候亚层，有较好的可对比性，此对比性不受地域限制（徐道一，2005）；关于地质时间单位的阐述，汪品先院士曾经在《自然杂志》有过这样的表述，"整个地质历史可以用 40 万年的偏心率长周期作为地质计时的钟摆"，可见 40 万年的偏心率长周期在整个地质历史中的稳定性以及普遍存在性，尤其是在对古老地层的轨道旋回研究中扮演着至关重要的角色（汪品先，2006）。地球轨道偏心率主要通过调节岁差的变化幅度进而影响低纬度地区的气候变化，偏心率越大，岁差变化幅度越大，季节性差异和季风气候也就越强。在此期间中国学者在总结前人成果的同时也为全球旋回地层学的发展贡献了不容忽视的力量，发表了大量科研成果（石广玉 等，2006；王鸿祯，2006；丁仲礼，2006；徐道一 等，2007），同时由于多学科的交叉研究，也提出了一些新的方法应用在旋回地层的研究中，主要体现在频谱分析方法和小波变换分析方面的研究。刘冰等将小波变换应用于旋回界面的识别和划分中，采用 Morlet 小波函数，选取合适的小波尺度值，对应不同的周期信息，探测不同尺度的沉积旋回分界面，为沉积旋回的定量划分提供了新思路（刘冰 等，2006）；郑民等人应用频谱分析方法识别米氏旋回，确定旋回厚度，并以此计算研究层段沉积速率，以乌什凹陷白垩系层段为研究对象，采用快速傅里叶变换识别频谱曲线中的峰值频率，反复对比识别相对应的米氏周期，并根据旋回厚度和沉积速率的变化，推断亚格列木组沉积期间该区域存在较大的地质变动，在当时的沉积作用中占据主导地位，从侧面反应了构造变动对沉积演化的影响，进一步丰富了国内学者在中生代的研究成果（郑民 等，2007）；房文静等人在层序界面识别上进一步研究，选用自然电位曲线作为研究曲线，基于小波模极值检测原理，选取最佳的小波分解尺度，在该尺度下根据小波模极值位置进而定量划分准层序界面位置，识别出准层序单元内部的旋回特征（房文静 等，2007）。对于米兰科维奇周期的研究，大多数都要涉及对信号的分析处理，而美国 MathWork 公司的 MATLAB 软件在这方面为科研工作者提供了很大的便利，可直接采用软件里提供的快速傅里叶变换函数进行频谱分析。基于此方法对川东北地区的长兴组开展米氏旋回研究，选取不同的测井曲线分析处理同一层段数据，但所反映的地层旋回特征是一致的（李凤杰 等，2007）。MATLAB 提供的数学函数，简化了烦琐的数学运算过程，为科研工作者们提供了一条便捷有效的途径。

国外绝大多数油气田储集层集中在海相地层中，而我国的油气分布与国外截然不同，据不完全数据统计，截至 2004 年我国探明储量 246.28 亿 t，其中海相储集层占比不到 10%（金毓荪 等，2006），绝大部分的油气资源储备在陆相地层中。科研工作者开始将研究重心转向陆相地层中，徐道一和张海峰等人通过我国大陆 30 多口井的测井资料研究成果，总结出对陆相沉积地层进行天文地层研究的方法。分别从天文周期理论值、测井资料的选取以及数据预处理方法进行阐述，重点说明谱分析的数据点数须为 2 的整数次幂，数据间隔一般选 0.125 m，选用不同参数（自然伽马、自然电位和岩屑）的测井资料谱分析的对比结果表明自然伽马数据反映旋回变化的能力更强，以牛 38 井为例说明如何选定主要优势旋回和 AR（堆积速率）值，以及 FIR 数字滤波器的基本性质和数字滤波结果，小波分析的特点和通过小波图进行调频的方法，并介绍了地层单位的延续时间计算和年龄确定方法（徐道一 等，2007）。

除了前面提到的自然伽马曲线和自然电位曲线，电阻率测井曲线也曾作为反映古气候变化的替代指标用来研究米兰科维奇周期理论，张莹在讨论大港油田孔南地区地层层序划分方法时，采用一维离散小波变换，用 db 小波对电阻率曲线进行变换后，对层序地层单元的级次和界面位置的识别效果很好，同时也选用一维连续小波变换做相同处理，结果显示，一维连续小波变换的结论更加丰富准确（张莹 等，2008）；松科 1 井作为获取白垩系完整地层资料的全取芯科学钻探工程，备受国内外研究学者的关注，其中就包括对米氏周期的研究，将米级旋回分为 3 种类型，正、反粒序旋回和非粒序旋回，分别包括 6 种亚类、7 种亚类和 3 种亚类，根据新增可容纳空间图解分析（Fischer 图解）研究沉积旋回在空间上的叠置规律，以 4∶1 级 3∶1 的形式叠加成 5 级旋回，5 级旋回又以 2∶1～6∶1 的形式叠加成 4 级旋回，分别与米兰科维奇岁差周期 20 ka、偏心率短周期 100 ka 和偏心率长周期 405 ka 存在着对应关系，说明松科 1 井南孔旋回地层的形成受米兰科维奇旋回周期的控制（程日辉 等，2008）。尽管米氏旋回的研究可以作为推断地层时限的一种有效手段，但是由于不同的沉积环境、构造背景的影响，区域地层可能存在不连续性（陈留勤，2008），所以在确定地层界线的绝对年龄值时仍然离不开地球化学测年。同样，地球化学资料在旋回层序划分上也有很好的效果，谢小敏等人首次将同位素记录与不同级别的沉积旋回之间建立相互的耦合关系，并探讨了其对岩性和岩相变化的影响，针对不同尺度域，探讨层序类型和同位素记录间的响应关系，并扩展到米级旋回和藻纹泥层尺度上（谢小敏 等，2009）。之后随着亚米兰科维奇旋回概念的提出和验证，预示了地层分辨力已经达到了千年级，甚至百年级的精度，不少学者在米氏理论的研究上又掀起了一波新的热潮，获得许多新的科研成果，并针对层序地层学和旋回地层学的发展现状和今后的热点前沿做出了分析和猜测，但是也就此提出了目前研究的一些缺陷及一些无法攻克的技术难题。比如，不同轨道参数间相互影响并记录在地层的沉积响应上，后期经过地质构造变动、成岩作用改造及火山作用等，可能地层中的原始轨道记录已经遭到破坏，如何从这些残缺不全的地层记录中识别真实可靠的天文轨道周期，是现如今旋回地层学面临的最大挑战。再者，至今仍缺少一种切实可行的方法来实现盆地间甚至全球范围内的米级旋回追踪和对比，这也是旋回地层学发展道路上一个亟须解决的问题（杨国臣 等，2009；陈留勤 等，2009；余继峰 等，2010）。

旋回地层学研究中，判别某段地层的旋回性是否受控于天文轨道周期，最常用的方法就是比较地层中用来指示古气候变化的替代指标的旋回叠置方式及其比值与天文轨道周期的理论比值是否一致或相近，包括岩性直观识别方法，观察岩性和岩相的变化。例如龚一鸣等（2004）在广西上泥盆统 F-F 之交的旋回地层研究中，将纹层、层束、层束组和超层束组 4 级旋回层，分别解释为亚米兰柯维奇旋回、岁差或斜率、短偏心率和长偏心率旋回，并据此对 12 个标准牙形石带进行了数字定年。但在岩性岩相变化不明显的层段这种方法的效果并不显著，需要借助时间序列分析法（time series analysis）进一步研究，对古气候替代指标数据进行一系列的分析处理（取样—预处理—信号分析—滤波—调谐）后鉴别出内含的轨道周期，很多科研团队都应用此方法获得了不同成果，也都有不同的创新和认识（公言杰 等，2009；赵庆乐 等，2010；张翔 等，2010；张运波 等，2011；吴怀春 等，2011；伊海生，2011）。

国际地层学为了解决"深时"（deep time）时间问题而制定了一个"地时"（Earth time）研究计划，在评价过去气候变化的同时预测未来气候变化趋势，进而解答关于环境、生物演化、气候的一些基础地质问题（吴怀春 等，2011）。新目标、新计划的提出推动了国内旋回地层事业的发展，开辟了建立精确的高分辨率天文年代标尺和计算地层沉积速率随时间变化的新方法。徐伟等以东营凹陷牛 38 井为例，阐述了关于沉积速率计算的新方法，采用自然伽马序列为古气候古环境替代指标，用 Redfit 做频谱分析识别出米氏周期后，划分不同期次的进积体，计算进积体的沉积速率，使人们更加深刻地理解沉积盆地的充填和发育过程（徐伟 等，2012）。P-T 界线一直是地质学家们的研究热点，无论是国外还是国内学者，从构造、沉积、生物化石等多方面都对不同区域的界线附近地层做了详细研究，以了解此次生物大灭绝事件的影响机制及持续时间问题，随着旋回地层学的研究，这一问题也得到了越来越完美的解答。例如在广元上寺地区的剖面研究中得到以下结论，计算得出晚二叠世的沉积速率约为 5 cm/ka，到了早三叠世沉积速率突然上升，增加到 25 cm/ka，认为三叠世的早期陆表风化速率显著增大，导致了浅海沉积速率的提高，并抑制了浅海生态系统的恢复，陆地系统的变化影响着海洋生态系统及其生产率，同样海洋生态系统的演化过程也会对近海陆表系统产生一定的影响（乔彦国 等，2012）；其中，对高分辨率层序地层的识别正是利用了小波分析的多分辨率分析的思想，对地质记录中的隐含周期和非线性过程分析，从不同尺度定量研究高频旋回内部细节（高迪 等，2012；毛凯楠 等，2012），建立各段地层的高分辨率天文年代标尺，为盆地内高频层序单元对比框架的建立提供了一种新的有效方法。

研究表明，无论是陆相地层还是海相沉积环境的沉积序列，405 ka 的偏心率长周期旋回广泛存在于中生代地层。被认为是地质计时器的 405 ka 周期用来建立中生代地层的浮动天文年代标尺，已经覆盖了绝大多数的中生代地层（黄春菊，2014），包括侏罗纪地层、白垩纪地层，以及部分三叠纪的地层，基本上每个阶都有不同程度的研究成果发表。其中侏罗纪的地质年代误差从原来的最高 ±4 Ma 降到了 GTS 2012 的 1 Ma 左右；三叠纪的旋回地层研究在中生代是最为薄弱的环节，但也不乏一些国内外学者的研究成果发表，为国际地质年代表的校准提供了一些素材。旋回地层的分析研究由于考虑到纵向分辨率的精细要求，多数学者选用测井数据当作替代指标，很少用到地震资料，其实沉积旋回在地球物理上也会表现出一定的响应特征，反映在地震波频谱上的规律变化。对地震资料使用时频分析技术，将地震信号进行综合分析处理，刻画信号局部特征，国内学者引入 S 变换并针对性地对其改造扩展，得到广义的 S 变换，将其用到了沉积旋回模型研究中，且取得了较好的效果，进一步提高了非平稳信号的时频分辨率（魏学强 等，2013）。2013 年于我国启动的"地时 – 中国"

（Earthtime-CN）计划，通过国内外相关领域专家的密切合作，进一步提高了我国在高精度地质年代学和定量年代地层学的研究水平和国际知名度。在之后的地球科学联合学术年会上，由张水昌教授提出了由米氏周期变化控制的古气候变化对海相富有机质页岩形成具有一定控制作用（张水昌 等，2014）。张水昌教授在对华夏克拉通下马岭组古环境、古气候的研究中发现，沉积物中地化指标的循环性记录与轨道周期具有很好的一致性（Zhang et al.，2015），并在其后对下马岭组 3 单元的金属同位素分析中提出大气氧含量的水平对动物生命的影响（Zhang et al.，2016）。

越来越多的学者在总结旋回地层学研究近况和预测未来发展方向（刘津，2013）及依据米氏旋回划分高分辨率层序地层方面（袁学旭 等，2013；张运波 等，2013；吴峰 等，2016），都提到多学科融合和技术创新，新技术、新方法及新思路的提出无疑给现代地层学的发展注入了新鲜的血液，而且随着大数据时代的到来，一些巨大的地质数据体实现了网络共享，使得我们的研究不仅仅局限在本区域，而是覆盖全盆、全陆，甚至有些热门地层已经实现了全球的数据对比。信息共享以及紧密的国内外研究交流使得这门学科得以迅速发展，我国的一些研究成果在全球顶级期刊发表。短短几十年，我国的旋回地层学突飞猛进，国际地位也日益提升，从各个方面指引着我国油气事业的蓬勃发展。其中，与计算机信号系统学以及天文理论结合得最为密切，从冰期天文理论的创立初期到后期的演变、修正（周尚哲，2014），从地球天文轨道的变化（钟萃相，2014；唐凯 等，2016；李文宝 等，2016）到气候系统的响应特征（杨俊才 等，2014；孙美静 等，2014），从沉积数据信号的采集捕获到运用计算机软件进行信号的分析与处理（王文娟 等，2015；刘杰 等，2016；沈玉林 等，2016），都体现出我国科研能力的提升与发展。

1.3　研究内容及研究思路

针对存在的问题，本次研究以滇黔北地区五峰组－龙马溪组为研究目的层，从旋回地层学、古生物地层学、古生态学和地球化学的角度对区内页岩气地层开展米兰科维奇旋回地层学研究，主要开展以下工作。

（1）米氏旋回方法研究

就目前常用的野外剖面旋回识别法和时间序列分析方法做简要的解释说明，尤其针对时间序列分析方法中的小波分析法进行具体阐述，从地层的选取、数据采集、数据预处理的方法流程以及频谱分析分别进行方法的讲解和步骤的描述，为之后的目的层的旋回研究提供方法依据。

（2）构建周期信号模型

依据米兰科维奇旋回理论及其理论周期构建理想模型，依据地球运行轨道周期参数间的比例关系，构建一个具有相同比例关系的正弦或余弦周期函数来代表这种具有米氏周期的信号，并分别从数据序列长度和数据间隔来探讨其对模型识别效果的影响，寻找最佳参数选择，最后建立模型。

（3）目的层段米氏旋回研究

选取研究区内具有代表性的，数据资料齐全的 3 口井为研究对象，开展米氏旋回研究，主要寻找地层中隐藏的米氏周期记录，并将识别到的米氏旋回周期曲线提取出来，进行地层沉积持续时间研究，并大致计算其沉积物堆积速率，将提取出的米氏旋回曲线用于后期的笔石带分析及有机质聚集规律研究。

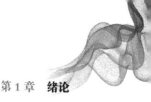

（4）生物地层系统研究

选取取芯段较多的 Y2 井进行生物种属的鉴定和描述，对研究区五峰组 – 龙马溪组下段地层进行生物带划分，并绘制生物地层延限图，寻找生物带与 TOC 指标及米氏周期之间的响应关系。

（5）有机质聚集规律研究

广泛收集研究区的钻井测井资料、露头剖面资料以及查阅前人研究成果和国内外相关研究领域文献资料，通过综合分析，总结研究区有机碳聚集特征，并与米氏旋回相结合，对比分析有机碳的聚集是否与米兰科维奇旋回周期有关并存在周期性。能更加有利于指导后期的成藏研究，为后期的勘探开发奠定基础。研究方法和步骤如图 1–1 所示。

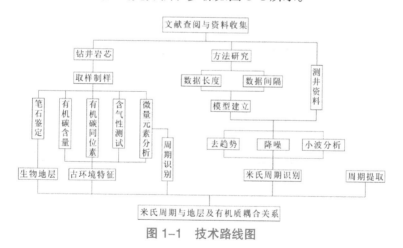

图 1–1　技术路线图

1.4　创新点

本研究对滇黔北探区五峰组 – 龙马溪组富有机质页岩层段进行米兰科维奇旋回研究，并结合古生物学与地球化学特征的研究，其创新点主要体现在：

①针对中生代之前的地层不能由理论公式（La2004）直接获取轨道参数周期曲线的问题进行优化，首次建立了一套老地层的米氏旋回识别方法。

②通过研究晚奥陶世 – 早志留世界线附近的地化指标与轨道周期的耦合关系，揭示了界线附近动荡环境的驱动机制。并通过研究天文轨道周期的变化与生物种属分异度、有机质含量、有机碳同位素及微量元素比值间的响应关系，针对滇黔北探区，首次提出轨道周期变化对有机质聚集的影响。

1.5 工作量

在本书撰写的整个过程中，为了深入调研滇黔北研究区地层概况、沉积环境及生物地层系统发育情况，共查阅相关内容的文献 300 余篇，包括学术论文、会议文章、专著及报告，并针对目的层岩芯样品进行地球化学分析测试，完成工作量见表 1–1。

表 1–1 主要工作量一览表

项目	工作内容和完成工作量
资料收集	查阅中英文相关文献 300 余份，包括学术论文、会议文章、专著和研究报告等
周期模型	构建信号 5 条，周期曲线提取 8 条
数据预处理	预处理 18 条，小波分析 6 条
GR 旋回识别	周期曲线提取 13 条
微量元素周期识别	4 条
同位素频谱	MTM 频谱分析 4 条，周期识别 4 组
地球化学分析	总有机碳测定 224 件，微量元素 40 件，有机碳同位素测试 112 件
TOC 频谱	MTM 频谱分析 2 条，周期识别 2 组
图件编制	完成各类图件编制 81 幅，笔石图版 3 幅，表格 13 张

第 2 章 区域背景

2.1 研究区地理环境及勘探现状

滇黔北探区位于云、贵、川三省交界处，经纬坐标显示为北纬 27° 07′ 15″ ~ 28° 11′ 00″，东经 103° 59′ 00″ ~ 105° 40′ 00″，探区总面积约为 15 183 km²，覆盖县区 10 余个：贵州省赫章县、威宁县，云南省彝良县、镇雄县、威信县和盐津县，四川省兴文县、珙县、古蔺县、叙永县及筠连县。

滇黔北探区地处云贵高原与四川盆地的过渡地带。其中四川盆地位于研究区北部，地势平缓，没有高山，以丘陵为主，未发现明显的河流切割地质现象。研究区南部为云贵高原，地势海拔及地形发育特征与研究区北部差距甚大，有明显的河流改道地质现象。探区内山脉由东北向西南方向延伸，山地险峻，最高海拔与平均高程相差近千米。

研究区位于我国西南部，受西南季风和东亚季风的影响，研究区以亚热带季风气候为主（张万诚 等，2012；李广 等，2014）。季风气候的影响使得研究区的降雨量比较丰富，5月份至10月份为主要的降水季节，年平均气温在15℃左右，气候温暖湿润（汤大清 等，1988）。当地气象部门的统计结果显示，滇黔北探区年平均降水量可达到100～140 cm（陶云 等，2007）。丰富的降雨量与长降雨时长使得研究区内植被茂密，区域性河流极其发达。主要河流发源地集中在研究区南部的山区内，这也是由山地地形对河流河道的控制作用所导致的。丰富的水力资源使得研究区的页岩气开发工作能够顺利进行。

早在20世纪中期，我国便分别在云南和贵州地区开展了石油地质勘探研究工作，第一步便由各地地质调查局组织相关人员完成了区域内1∶100 000的石油地质填图，自此云贵地区进入石油勘探初期阶段。这一时期，在区域地质填图的同时，地面勘探工作也在如火如荼地进行中，地震勘探、科学探井的钻进以及测量测绘等一系列地质工作都在同一时期开展，但对滇黔北探区的初期勘探当时还未开展工作。直到20世纪末期，地质学家为了探讨震旦系上统至寒武系下统地层的生储盖条件，云南贵州石油勘探处对云南东北部的威信背斜进行了1∶50 000的地质构造详查，为之后的地震测量以及钻探工作打下了基础。70年代初期，滇黔桂石油勘探局为了在滇黔北地区部署钻探工作，对滇东、绥江地区展开详尽的地面勘查，二维地震测线长度达540 km，并在此基础上，于1970年在研究区滇黔北坳陷芒部背斜处部署了区域内第一口深探井"芒部1井"，钻进2278 m，历时4 a，深度到达震旦系地层。之后该区域内的油气勘探工作基本停止，没有进一步的工作部署。直到2000年后，随着国际上在页岩气勘探方面取得的重要进展以及页岩气在商业开发中体现出的巨大潜力及其带来的客观经济效益，页岩气在我国作为非常规能源才被重视起来，中国石油天然气股份有限公司重新在滇黔北地区展开进一步的油气勘探工作，随后在云南昭通成立了国家首个页岩气开发示范区，并在此研究区加大了勘探投入力度。

2008 年 9 月，中国石油浙江油田分公司在滇黔北探区开始了系统的页岩气勘探评价工作，野外踏勘上万米，完成了上百条剖面的测制工作。并于 2009 年至 2010 年在研究区中东部部署了 16 条二维地震测线，满覆盖长度为 567.02 km，覆盖区域包括海湾、赤水源－芒部以及盐源－小草坝。2010 年后，又相继部署了 54 条二维地震测线，测向延伸距离近 2100 km。截至 2013 年，滇黔北探区的二维地震采集工作已基本完成，并开始着手推动开展三维地震数据的采集工作。滇黔北探区从 2008 年开始，历经 6 a 时间在奥陶系富含页岩层段先后完钻了 10 余口页岩气勘探评价井。2013 年，在黄金坝地区取芯过程中有明显的气显，后经井下压裂作业后获得工业页岩气流。

2.2 构造背景

2.2.1 区域构造

滇黔北探区位于上扬子地台中部，包含威信凹陷和滇黔古隆起，其中威信凹陷囊括了研究区大部分区域，研究区南部占据滇黔古隆起的一部分区域，北部接壤四川盆地南缘，如图 2-1 所示；从沉积盆地类型来分析，整个上扬子地台的沉积盖层为多期旋回叠加而成的盆地形式，那么位于上扬子地台中部的滇黔北坳陷也应属于这类多期旋回叠置盆地，从加里东早期便已开始接受沉积作用，如今的滇黔北探区为古上扬子盆地剥蚀后的残留沉积地层（翟光明 等，2002）。

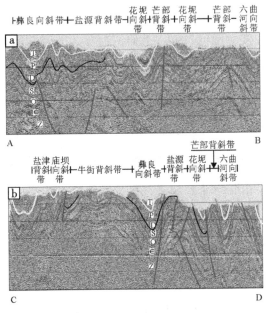

图 2-1　研究区大地构造位置及区域构造格架（据伍坤宇，2015 修改）

a.东西向二维地震解释剖面；b.南北向二维地震解释剖面

除此之外，依据区域地质资料，整个滇黔北探区分为威信凹陷、滇黔古隆起和四川盆地 3 个一级构造单元，根据二维地震资料的进一步补充，又将研究区内的威信凹陷细分为 10 个二级构造单元：毕节向斜带、芒部背斜带、花坝向斜带、盐津背斜带、彝良向斜带、盐源背斜带、庙坝向斜带、牛街背斜带、六曲河向斜带和那西背斜带，这 10 个次级构造单元主要沿东西向和北东南西向展布，指示了研究区发生褶皱变形时所受的应力方向大致可判断为北西南东向。

由于印度板块与亚欧板块碰撞形成青藏高原后印度板块不断向北挤入，使得青藏高原东缘的块体不断挤出，在这种走滑应力作用下，四川盆地西部和云南西部地区形成拉张盆地并普遍发育复杂的走滑断层系统（Molnar et al.，1975），作用力的覆盖范围不仅遍及整个西南地区，甚至影响到我国华北部分地区以及西伯利亚地区。本次研究区滇黔北探区正是在这种作用力下发生褶皱变形，使得断裂系统存在共轭现象，不同断层带在不同展布方向下相交，在走滑和挤压双应力作用下，川南地区形成了独特的"扫帚状"构造（陈尚斌 等，2011）。

　　如上图所示，研究区不同区域的构造变形强弱程度有显著差异，由图2-1a 和图 2-1b 中贯穿研究区的两条地震测线剖面可以看出，研究区呈现东部的变形强度较西部弱，南部较强北部较弱的特点。从区域构造格架图中可以看出 A—B 剖面贯穿了许多地表断层，但在东西向的地震解释剖面中断层发育却很少，这或许是因为研究区内地表出露的多为小规模的盖层断层，难以在当前精度的地震资料上显示出来。芒部背斜构造中部存在一条大规模断层，切穿研究区内基底贯穿至地表。C—D 剖面位于研究区西部，贯穿探区南北界线。从二维地震解释剖面中可以看出，东西向的构造样式差距不大，但是南北地层的构造特征差距甚大。南北向的 C—D 地震剖面中，位于北部的地层区域未见大的断裂系统，地层形变量较小，主要以褶皱发育为主，发育多个向斜带和背斜带，包括盐津背斜带、庙坝向斜带和牛街背斜带。自彝良向斜带开始，地层构造样式发生了较大变化，开始出现大量的断层，断层大多切穿了深部地层，即彝良向斜带之后，发育的褶皱构造带包括盐源背斜带、花垎向斜带、芒部背斜带和六曲河向斜带。从构造格架总体来说，研究区具有南强北弱和西强东弱特点。

2.2.2　区域构造演化

滇黔北探区的构造演化阶段与我国扬子板块的构造演化过程相似。近几十年的构造演化研究使得我国学者已基本摸清了我国大地构造的演化进程，本书在总结我国构造演化进程的基础上，针对滇黔北探区的构造演化史进行了系统总结，共划分了10个构造期次，分别为吕梁期、长城–蓟县期、晋宁期、南华期、震旦期、加里东期、海西期、印支期、燕山期和喜山期。不同时期的盆地演化特征不同，根据这一特征将滇黔北探区划分为3个盆地演化阶段，分别为海相盆地演化阶段、陆相盆地演化阶段和基底构造阶段（见图2-2）。

地层系统			年龄 /Ma	构造期次划分	盆地演化阶段	沉积盆地类型	
宙	代	纪				四川盆地	滇黔北坳陷
显生宙	新生代	第四纪 Q	0 / 2.6	喜山期	陆相盆地演化阶段	隆升改造剥蚀阶段	隆升改造剥蚀阶段
		新近纪 N	23				
		古近纪 E	66				
	中生代	白垩纪 K	145	燕山期		前陆盆地	
		侏罗纪 J	201			前陆凹陷盆地	前陆凹陷盆地
		三叠纪 T	252	印支期	海相盆地演化阶段	克拉通内凹陷盆地	克拉通内凹陷盆地
						克拉通内裂陷盆地	克拉通内裂陷盆地
	古生代	二叠纪 P	299	海西期		克拉通内凹陷盆地	克拉通内凹陷盆地
		石炭纪 C	358			克拉通内隆起剥蚀	克拉通内隆起剥蚀
		泥盆纪 D	419				克拉通内挤压凹陷盆地
		志留纪 S	443	加里东期		克拉通内挤压凹陷盆地	
		奥陶纪 O	485				
		寒武纪 Є	541			克拉通内伸展裂陷盆地	克拉通内伸展裂陷盆地
隐生宙	元古代	新元古代	1000	震旦期			
				南华期			
				晋宁期			
		中元古代	1600	长城-蓟县期	基底构造阶段	基底构造阶段	基底构造阶段
		古元古代	2500	吕梁期			

图 2-2　研究区构造演化阶段及盆地类型划分图

（年龄数据来自国际地层表，http://www.stratigraphy.org/）

探区构造演化史如下（Wan，2011）。

（1）吕梁期（2.5—1.8 Ga）

吕梁期为演化初期，在此时期主要形成克拉通基底构造，吕梁运动之后才形成了组成中国大陆的 5 个原始板块，分别为华夏原板块、准噶尔原板块、中朝原板块、扬子原板块和哈尔滨原板块。

（2）长城－蓟县期（1800—1000 Ma）

由吕梁期形成的中朝克拉通基底在长城－蓟县期发生基底沉降，形成了原始的沉积盖层。扬子板块在中元古代初期由一整个块体分裂为两个大的块体置于南北两边，之后未发生构造事件。一直到中元古代末期，四堡运动的发生打破了当时的稳定期，"江南碰撞带"便是在此时期的产物。

（3）晋宁期（1000—800 Ma）

华南板块在此时期的构造活动较频繁，其经历的强烈构造活动对华夏板块以及扬子板块都有一定影响。华夏板块和扬子板块在晋宁期彼此很靠近，局部区域甚至有可能已发生碰撞，但尚未有明确的碰撞证据。晋宁期研究区内的沉积岩和变质岩出现强烈的褶皱现象，这或许能够证实此次碰撞。

（4）南华期（800—680 Ma）

这一时期我国主要大陆板块发生广泛拉张，在晋宁期形成的扬子板块结晶基底之上第一次沉积了一套完整的盖层，在此沉积了一套冰碛岩，正因如此南华期也被称为成冰纪。在形成的初期阶段，由于古隆起的出现使得当时的扬子板块整体抬升为陆，即今天的扬子地台。到了该时期晚些阶段，冰碛岩覆盖了大部分扬子板块形成南沱组，为冰川谷、大陆冰架沉积环境，而东部板块为冰海相沉积环境，因此南华期也被叫作成冰纪。

（5）震旦期（680—513 Ma）

这一时期的构造活动从震旦纪一直持续到早寒武纪，构造活动并不频繁，大陆板块在此期间构造活动并不活跃。到了寒武纪早期，由于继承了震旦纪的浅海相沉积环境及构造特征，深海区沉积了复理石　建造。

（6）加里东期（513—397 Ma）

这一时期处于寒武纪中晚期，南华期的扬子板块抬升致使海平面下降。进入奥陶纪后，区内构造活动趋于稳定。到了赫南特期，地球进入冰期。关于此次冰期科学界一直存在较多争议，尤其针对它的驱动机制问题。此时期由于冰盖扩张引发了广泛海退事件，本书在后面将会针对这次冰期间冰期转化展开描述。

（7）海西期（397—260 Ma）

华南地块在二叠纪时期由于峨眉山地幔柱的活动而处于拉张的构造环境，并伴随有大规模的火山活动。到了中晚二叠世，开始了峨眉地裂运动，形成了三个古洋盆中的澜沧江洋和金沙江洋。这次构造运动在扬子板块的中、上二叠统之前形成了广泛的不整合面，并且随着峨眉山地幔柱的进一步活动，板块继续拉张，最终导致了火山喷发事件，形成的峨眉山玄武岩最大厚度接近 2000 m（陈文一 等，2003）。

（8）印支期（260—200 Ma）

到了二叠纪晚期，扬子板块中部隆起成台地形成长兴组，边缘凹陷形成以砂岩、黏土岩及硅质岩为主的大隆组，而板块的西部则以峨眉山玄武岩为主。这一时期中国大陆的沉积盖层发生广泛的褶皱和断裂，在碰撞带附近的变形十分强烈。

（9）燕山期（200—56 Ma）

印支期过后，华南板块由原先的特提斯构造转变为滨太平洋构造体系，进入侏罗纪－早白垩纪，早期区内构造运动稳定，以板内变形为主，形成一系列的北东向和南北向的隔槽式褶皱构造带。

（10）喜山期（56—0 Ma）

印度板块继续俯冲到亚欧板块，导致印度河以南的喜马拉雅逆冲构造带的形成。强烈的构造压缩导致地壳缩短并引发岩浆活动，形成富钾的火山岩和云母花岗岩。随着印度板块继续向北推进，青藏高原东部的区块不断被挤压，由此产生的走滑应力场形成了川西地区的拉伸盆地和复杂的走滑断层系统（Molnar et al.，1975）。

2.3　区域地层

研究区位于上扬子地台中部，跨越云南、贵州、四川三省，地层出露较完整，除泥盆系和石炭系在部分区域缺失外，研究区内地层系统从老（震旦系）到新（侏罗系）均有较好出露。下面对研究区地层进行简要描述。

（1）震旦系

①陡山沱组：黑色炭质页岩、粉砂岩、泥岩，含有疑源类化石，地层厚度变化大。

②灯影组：白云岩为主，化石种类丰富，见藻类、疑源类和软体动物遗迹等。

③戈仲伍组：粉砂质页岩、泥质白云岩、硅质页岩及白云质粉砂岩等，

可见微古植物化石，其上部富磷，主要为硅质岩，可见较多小壳化石。

（2）寒武系

①戈仲伍组（寒武系部分）：产于威信凹陷内，以灰岩、磷块岩和硅质岩为主。该层位在研究区四川盆地由于震旦运动的抬升而被剥蚀，缺失这套地层。

②牛蹄塘组：页岩、泥页岩发育，从出露岩层可见三叶虫和海绵骨针等生物化石。

③明心寺组：以页岩为主，颜色较浅，且可见含有三叶虫等生物化石，平均层厚在 200 m 以内。

④金顶山组：见灰岩透镜体，夹砂质页岩、灰质团块，地层厚度在 100 ~ 200 m 之间变化，见三叶虫和古杯类等生物化石，含量较明心寺组更加丰富。

⑤清虚洞组：地层岩性以白云岩为主，局部层段偶见石膏发育，野外出露层段厚度变化较大，发育有生物化石。

⑥高台组：以云岩为主，见灰岩透镜体，地层厚度较清虚洞组层厚变化大，地层厚度较小，最厚层段处也不足 100 m，可见三叶虫和腕足类等生物化石。

⑦娄山关组：岩性上与下伏地层岩性相当，差别不大，地层中见大量生物化石发育，含三叶虫及腕足类，上部地层含燧石结核、燧石条带或泥质条带。

（3）奥陶系

①桐梓组：灰岩、泥页岩为主，地层中发育有少量三叶虫生物化石。

②红花园组：研究区内该地层在靠近贵州西部的部分区域内缺失，与桐梓组之间存在沉积间断，偶见少量生物化石出现，以腕足类为主，地层厚度小，不足 40 m。

③湄潭组：湄潭组分为上下两段，上段地层发育瘤状灰岩，下段地层以页岩为主，区域内地层厚度分布不稳定，薄厚差异较大，发育笔石类、腕足类等生物化石。

④十字铺组：该地层在研究区内普遍存在，分布广泛，与下伏湄潭组地层呈整合接触，地层厚度在全区内均较小，生物化石种类同湄潭组类似，地层中偶见赤铁矿层。

⑤宝塔组：该组地层位于奥陶系中统，以灰色龟裂纹泥质灰岩为主要岩性，地层厚在 20~140 m 之间，含有头足类和三叶虫等生物化石。

⑥涧草沟组：该地层与临湘组相当，滇黔北探区主要岩性为灰黑色泥质灰岩和钙质砂、页岩，其厚度通常不超过 20 m，主要化石为三叶虫和笔石，偶见直角石（*Orthoceras regulare*）。

⑦五峰组：该地层发育于晚奥陶世，为奥陶系的重要地层，也是本次研究的主要地层层位。该套地层岩性下部以灰黑色、黑色炭质页岩为主，野外采样时染手现象明显。根据岩性变化及生物化石分布特征，将五峰组划分为上下两部分，其中下部以页岩为主，上部岩性大体为含介壳灰岩。在实际工作中，地质工作者习惯称五峰组顶部层段为观音桥段（层），该层段中含有丰富的笔石和三叶虫化石，上部观音桥层/段产腕足类龟形德姆贝（*Dalmanella testudinaria*）和赫南特贝（*Hirnantia magna*）。

（4）志留系

①龙马溪组：位于早志留纪时期的龙马溪组地层为志留系的重要地层

段。作为页岩气的主要产层段，也同样是本次研究的主要地层层位。龙马溪组不同于五峰组地层，该套地层在部分区域由于受构造抬升的影响而遭受风化剥蚀，发育不完全，仅在研究区的中部及西北部发育完整，在东南部是缺失的。龙马溪组地层与五峰组页岩层段相比厚度较大，且地层中主要盛产笔石种属的生物化石，由不同种属的鉴定可以对地层进行笔石带的划分。龙马溪组由下向上岩性由泥页岩向粉砂质泥岩过渡，偶见海绵骨针等非笔石属化石。

②黄葛溪组／石牛栏组：以钙质粉砂岩为主要岩性，偶夹灰岩、页岩，地层厚度变化较大，最薄地层还不到 80 m，地层最厚区域却超过了 380 m，产三叶虫、笔石和珊瑚等化石。

③嘶风崖组：在研究区的中部及西北部发育完整，在东南部是缺失的。砂岩为主，局部见生物灰岩，可见生物化石，以笔石、珊瑚为主。

④牛滚凼组：与下伏地层呈不整合接触。由于剥蚀情况不同，厚度分布不均，相差近百米。该地层为海相沉积，岩性以泥岩为主，含有多种生物化石。

⑤大陆寨组：研究区靠近贵州地界处该地层缺失。与下伏地层呈不整合接触，主要沉积泥岩，偶夹灰岩。地层中发育了多种生物化石，包括笔石类、三叶虫类和腕足类。

⑥菜地湾组：研究区靠近贵州地界处该地层缺失。与下伏地层呈不整合接触，存在沉积间断。该地层处于浅海相沉积环境，砂泥质沉积岩为主，地层中偶见双壳类化石。

（5）泥盆系

①松坡冲组：该套地层仅在研究区部分区域存在，其余地区缺失。与

下伏地层呈整合接触，无沉积间断。厚度分布均匀，平均层厚接近 100 m，见腕足类化石。

②坡脚组：岩性主要为黑色页岩和泥岩，局部夹有碳酸盐岩透镜体。区域地层厚度变化极大，最薄地层仅有数米。主要生物化石类型为珊瑚和腕足类。

③边箐沟组：地层厚度分布均匀，发育有腕足类动物化石。整套地层以泥岩为主，偶见灰岩。

④菁门组：主要岩性为黄绿色粉砂岩、泥岩，底部为厚层灰岩夹泥质条带。地层厚度通常小于 50 m，含腕足类和珊瑚类化石。

⑤缩头山组：主要岩性为细砂岩，夹粉砂岩、砂质泥岩。地层厚度变化不明显，平均层厚在 400 m 以上，可见植物碎片化石。

⑥红崖坡组：底部发育大段的白云岩，顶部以砂岩为主。地层厚度较大，平均层厚超过了 200 m，含有鱼类、腕足类和双壳类化石。

⑦曲靖组：分为上下两段，上段以页岩为主，下段以灰岩为主。地层厚度分布均匀，含有腕足类等动物化石。

⑧上泥盆统：碳酸盐岩地层，区域内地层厚度分布均匀，地层厚度较大，主要岩性为灰岩及白云岩，动物化石发育。

（6）石炭系

该部分地层缺失。

（7）二叠系

①梁山组：黏土沉积为主，偶见灰岩透镜体。该套地层厚度较小，平均层厚不足 10 m，发育腕足类动物化石及少量植物碎片化石。

②栖霞组：过渡到栖霞组，层厚发生变化，平均层厚 300 m。岩性变化不大，以灰岩和生屑灰岩为主，产蟆类和珊瑚类动物化石。

③茅口组：平均层厚为 300 m 左右。地层中见燧石结核，中上部岩性为厚层泥晶灰岩、生屑灰岩，可见蟆类和腕足类等生物化石。

④峨眉山玄武岩：该套地层为大段的厚层灰绿色玄武岩，与下伏的茅口组呈不整合接触。地层厚度分布极其不均匀，平均层厚在 600 m 左右，最厚处超过 2000 m。

⑤龙潭组：页岩、粉砂质页岩和粉砂岩为主，夹煤层，厚度分布不均，地层较薄区域厚度不足 50 m，含有有孔虫和腕足类化石以及植物化石。

⑥长兴组：泥灰岩、页岩及砂质灰岩、粉砂岩。该套地层在研究区范围内层厚分布不稳定，区域地层厚度变化范围较大，含有腕足类、有孔虫及珊瑚等动物化石。

（8）三叠系

①飞仙关组：白云岩为主要岩性。地层厚度分布较均匀，底层较厚。生物化石含量较为丰富，主要有腕足类、菊石类和双壳类等生物化石。

②嘉陵江–铜街子组：生屑灰岩和白云岩为主，夹膏溶角砾岩、泥灰岩，含有双壳类及菊石类化石。

③雷口坡组：地层底部为一层绿豆岩，厚度在 1～2 m 之间，中下部为泥质灰岩，上部为白云岩，富含菊石以及双壳类等生物化石。

④须家河组：砂岩、泥页岩为主，见煤层，且可见煤线，发育有大量的植物化石和动物化石。

（9）侏罗系

①下禄丰组：地层厚度较大，地层中可见双壳类和介形类生物化石，亦可见植物化石。湖相、河流相地层以粉砂岩为主，局部夹细粒石英砂岩及钙质泥页岩。

②下沙溪庙组：在该套层段内，首次出现了脊椎动物化石。岩性复杂多变，发育平行层理，地层平均厚度小于 300 m，富含植物化石，局部地区可见恐龙化石。

③上沙溪庙组：砂泥岩组成的韵律层，层理构造几乎与下沙溪庙组相同，化石种类十分丰富，富含双壳类、介形类、轮藻以及脊椎动物等化石。

第 3 章　米兰科维奇旋回研究

在漫长的地质历史进化时期，地质学的研究内容不断丰富和完善，包括一切地质作用和过程，其研究的深度和广度也在不断增加。随着更高水准的研究课题的提出，地质学家们逐渐发现有很多地质作用过程如果仅仅从地球本身的运动规律或者驱动机制来进行解释的话并不能完美地给出答案，尤其是对某些呈现规律性的旋回事件来说，这方面的欠缺尤其突出。地球是太阳系中八大行星之一。天文地质学家从天体运动的基本规律入手，借助行星天文学的研究方法和观察成果对地球本身所呈现的一些地质效应进行研究探讨，以找出并解决之前一些不能解释的旋回韵律事件，得到了很好的应用效果。研究发现，针对一些具有周期性和突变性特点的地质作用，从天文轨道周期性理论出发能很好地解释其作用过程，其中米兰科维奇周期理论和米氏旋回就是众多国内外学者研究最多的内容之一。

3.1　米兰科维奇旋回理论

米兰科维奇旋回理论（天文旋回理论）作为旋回地层学研究的理论基

础，从全球尺度出发，探索地球的气候系统与太阳的辐射总量大小的关系。最近的一次冰期被称为第四纪冰期，于10 ka前结束进入间冰期，但是它存在的证据被很好地保存了下来，例如在庐山发现的漂砾及在庐山底部发现的光滑的压面坑，在探索这次冰期的成因及其驱动机制时，该理论成立。

米兰科维奇理论认为，北半球高纬度地区夏季的太阳辐射总量的变化为第四纪冰期旋回的主要驱动机制。地球在以太阳为轨道运动中心做公转运动和以自身自转轴为中心做自转运动时，由于受到太阳系中其他的天体万有引力的影响，使得地球运动轨道参数发生变化，这种变化具有周期性特征，从而导致地球表面接收到的太阳辐射量也随之发生周期性的变化，进而引致纬度气候系统的分配以及四季的变化，这种变化在区域上和全球尺度上可进行比对，变化尺度由万年到百万年不等（Hinnov，2013），可用三大地球轨道参数来进行表达（偏心率、斜率、岁差）（见图3-1）。

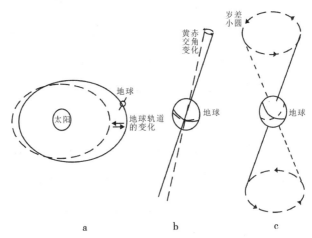

图 3-1 地球轨道三要素变化示意图

Laskar在2004年依据天体运行轨道公式及轨道模型给出了定量计算地球轨道参数的公式和解析方法，并且在考虑了相对论效应以及地球的潮汐摩擦作用因素的基础上，利用数值积分算法计算了地球过去 250 Ma 的天文轨道参数和日照量的变化，并且模拟了未来 250 Ma 的地球轨道参数的变化及日照量变化曲线。下面是对地球轨道 3 参数的来由和意义的简要介绍。

3.1.1　岁差（precession）

岁差也称为地球轨道的岁差指数（precession index），是指由日地距离、轨道偏心率（eccentricity）的变化以及地球自转轴方向漂移三个因素共同影响下产生的信号。地球可以看作一个庞大的不停地旋转着的"陀螺"，太阳和月球的引力作用会使地球的自转轴绕着地球绕太阳转动的轨道平面的轴线做缓慢的圆锥运动，运动方向与地球自转方向恰好相反，周期约 25 ka（张罡雷，2007）。这个岁差信号的振幅波动受偏心率周期的影响最为强烈，由前人计算得到岁差具有 4 个主要周期，分别为 17，19，22，24 ka。在地质历史时期，由于海洋潮汐从地球的旋转中获得能量，并在吸收能量过程中使地球旋转速度减慢（潮汐耗散作用），所以岁差周期从古至今呈现增大趋势（Laskar et al.，2004；Hinnov，2013），如表 3-1 所示，100 ~ 105 Ma 期间的岁差各主要周期的数值较 200 ~ 205 Ma 期间的相对应的周期值要大，周期更长。

表 3-1　过去 250 Ma 岁差周期数值变化（据 Laskar et al.，2004 修改）

时间 /Ma	24 ka	22 ka	19 ka	18.9 ka	16.5 ka
0 ~ 5	23.657	22.336	19.082	18.947	16.453
50 ~ 55	23.052	21.821	18.716	18.539	16.168
100 ~ 105	22.472	21.304	18.335	18.091	15.873
150 ~ 155	21.863	20.768	18.077	17.794	15.574
200 ~ 205	21.258	20.206	17.519	17.391	15.253
244 ~ 249	20.691	19.708	17.129	17.007	14.968

地球围绕太阳的公转运动轨道面近似为一个椭圆，椭圆有两个焦点位

置，当太阳位于不同的焦点时，就有了近日点与远日点之分。近 20 ka 的岁差周期变化，从近、远日点的角度出发，也可以理解为是地球以太阳为中心做公转运动时，在轨道面上达到近日点的变化。我们以北半球为例，假设冬至时地球在近日点附近，那么夏至时地球则在远日点附近，这就会使得现在的北半球冬天离太阳近而较温暖，夏天离太阳远而较凉爽。这种冬天不冷夏天不热的气候就会导致大气对流减弱，从而引发降雨量的减少。如果再过半个岁差周期的时间，北半球的冬至时地球是处在远日点附近，而夏至时则在近日点附近，将会使得冬天更冷而夏天更热，最终导致大气对流增强，使得降雨量增加（Ruddiman，2008）。当然这也只是单一条件下岁差变化对地球气候系统的响应，实际情况下是多方面因素的共同作用，更加复杂多变。

3.1.2　斜率（obliquity）

地球轨道的斜率，亦称为地轴倾斜度，主要变化周期为 41 ka，同时具有 3 个次要周期，分别为 29，39，54 ka。这些短周期信号具有两个调制周期 1.2 Ma 和 2.4 Ma，其中，1.2 Ma 的超长地轴斜率周期来自火星和地球轨道的倾角的变化（黄春菊，2014），而 2.4 Ma 则来源于火星和地球间的万有引力（g3–g4）（Laskar et al.，2004；Hinnov，2012）。同岁差轨道参数原理相同，在地质历史时期，由于海洋潮汐从地球的旋转中获得能量，并在吸收能量过程中使地球旋转速度减慢（潮汐耗散作用），所以地轴斜率周期从古至今也呈现出增大的趋势（Laskar et al.，2004；Hinnov，2013），如表 3-2 所示。由于斜率（地轴倾斜角度）的变化，导致了地球陆表系统接收到的太阳辐射总量随之改变，随着纬度值的变化而做出相应变化。当地轴斜率减小时，高纬度地区夏季接收到的太阳辐射总量随之减小，而冬季则增加，导致冬暖夏凉，气温年差变小；相反，当地轴倾斜度增大时，则高纬度地区夏季接收到的太阳辐射总量将增加，迎来炎热夏季，冬季接收到的太阳辐射能量减少，冬季更寒冷，气温年差较大。研究发现，夏季温度变低将更有利于冰川的形成（Ruddiman，2008）。

表 3-2　过去 250 Ma 斜率周期数值变化（据 Laskar et al.，2004 修改）

时间 /Ma	54 ka	41 ka	39 ka	29 ka	28 ka
0 ～ 5	53.562	40.917	39.51	29.727	28.852
50 ～ 55	50.712	39.185	37.975	28.877	28.003
100 ～ 105	47.847	38.865	36.324	27.91	27.137
150 ～ 155	45.188	35.852	34.807	27.027	26.233
200 ～ 205	42.68	34.211	33.3	26.13	25.374
244 ～ 249	40.502	32.83	31.949	25.272	24.582

3.1.3　偏心率（eccentricity）

偏心率是用来描述天体运行轨道的形状的一个参数，用两个焦点之间的距离除以长轴的长度就可以算出偏心率的数值大小，一般用 e 表示，此值在缓慢变化中。轨道偏心率的变化极其重要，这种周期性的变化受其他天体的影响，由于地球附近其他行星的运动产生的万有引力作用在地球公转轨道平面上（黄春菊，2014），使得偏心率的大小随时间发生周期性的变化。405 ka 的偏心率长周期，是由金星和木星（g2-g5）轨道近日点之间的相互作用造成的，它是近 100 ka 的偏心率信号的调制周期，这个 405 ka 的周期在地质记录中是个非常稳定的存在（黄春菊，2014）。我们将 405 ka 的周期旋回用 E 表示，从最近 10 ka 开始算起，出现的第 1 个 405 ka 旋回记为 E1，第 10 个旋回也即 4.15 Ma 则为 E10，到中新生代界线附近处的 66 Ma 是第 163 个旋回为 E163，侏罗纪与白垩纪界线处的地质年代时间

145 Ma 为第 358 个 405 ka 旋回即 E358，以此类推，如图 3-2 所示，将偏心率长周期作为地质年代划分的依据，给出了近 25 Ma 间偏心率长周期划分的地层主要界线及地质年代时间。近 2.4 Ma 的偏心率超长周期可以作为 405 ka 偏心率信号的调制周期，被认为是特殊气候事件的一个主要因素，但是这个超长周期并不是特别稳定（黄春菊，2014），有时由 6 个 405 ka 的周期组成的 2.4 Ma 周期变为由 5 个 405 ka 的周期组成的 2 Ma 周期（Laskar et al.，2011；Hinnov，2013；Van Dam et al.，2006）。

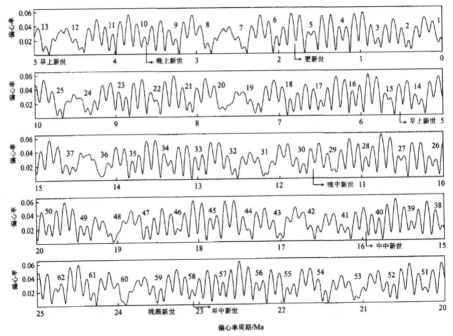

图 3-2　近 25 Ma 偏心率长周期及主要层系界线（据 Laskar et al.，2004 修改）

地球绕日做公转运动的轨道旋转面几乎为一个椭圆，随着轨道偏心率的变化，这个轨道面在不停地变化其形态。偏心率较小时，轨道形状近乎为圆形，四季变化不明显；反之，当偏心率增大时，四季变化明显，低温低热致使这一时期原始冰盖扩张。由于天文因素导致的地球轨道参数的周期性变化驱动了地球表层气候体系的周期性波动，这种周期性波动的气候变化信息就被记录在地球表层的沉积地层中（黄春菊，2014），因此，我们便可以通过应用天文旋回理论（米兰科维奇理论）来对这些记录在沉积地层中的旋回性变化的古气候信息进行识别，开展旋回地层学研究。

3.2　米兰科维奇旋回研究方法

地表的沉积地层中所记录的米兰科维奇信息由于是受到天文轨道因素的驱动作用，所以在同一段时期内由相同气候系统所控制的沉积旋回，在不同的空间分布下应该具有全球可对比性，以及等时性。前人的众多研究成果足以证明，米兰科维奇旋回贯穿于地球发展演化的整个过程中，从最古老的前寒武系地层到如今覆盖于地表的第四系沉积地层中，均可以识别出保存较完整的天文轨道信息记录（米兰科维奇旋回）。对于旋回地层学的研究，简单地说就是通过有效的研究方法和技术手段去除地质信号中的干扰噪声，提取出有效的准确记录在沉积地层中的天文旋回信号。在选择研究层位时，旋回地层学研究通常选择具有一定的生物地层和年代地层工作基础的地区，例如，本次选择的滇黔北研究区的上五峰组和龙马溪组地层。当选择野外露头剖面时，应选择出露良好，连续沉积并且有较好的韵律性的露头剖面进行野外采集和分析研究工作。但是野外露头研究也存在一些弊端，野外的数据采集具有局限性（数量有限，采样密度有限），很难获得高分辨率的连续性较好的长剖面数据序列来进行旋回序列分析。随着研究领域的不断深入以及高新科技和精密仪器的诞生，上述弊端也在不断被弥补，目前利用较多的就是连续性好、分辨率高的各种测井曲线，碳氧同位素等各种地球化学资料以及高分辨率的连续元素录井数据资料等，成为目前研究旋回地层学领域的重要数据来源。下面主要针对常用的研究方法做个简要介绍。

3.2.1　野外剖面旋回识别法

目前在针对米兰科维奇旋回的研究中，主要是通过野外剖面露头的肉眼观察识别法及室内的记录旋回信息的数据序列分析法。旋回地层学研究一般选择在没有沉积间断且区域构造运动稳定的地层剖面上进行（海相沉积序列更加适合）。对于出露完整，有显著韵律性的野外地层，可以直接用肉眼观察其岩性组合特征，识别出纹层、层束、层束组等不同级次的旋回以及他们相互之间的不同组合排列样式，根据已有的生物、磁性地层年代框架，初步判别观察的沉积旋回地层中是否记录有天文轨道周期信号，是否受天文因素驱动，主要是分析这些不同的沉积旋回级次间是否存在与理论轨道周期相同或者相近的比值。比如龚一鸣(2004)对广西晚泥盆世F-F之交旋回地层研究，识别出4个级次的旋回组合样式，分别为纹层、层偶、层束和层束组，并对地层中的牙形石带进行了数字定年研究。其实，对于旋回地层的研究不仅仅局限在估算地层的沉积持续时间上，更多的是它为我们提供了丰富的轨道参数信息，为我们进一步研究古气候的变化，恢复古环境以及探索轨道参数与古气候的响应关系提供的丰富数据来源；而且，随着技术手段的不断更新与丰富，野外工作也不仅仅局限于肉眼观察与识别，借助一些仪器的使用以及正确的野外样品采集，可以将野外有用信息大部分复制回室内，检验假定的周期的正确性，以及精细的野外信息分析，而室内关于旋回地层数据的分析，大多数采用时间序列分析的方法。

3.2.2 时间序列分析方法

自从 1990 年将米兰科维奇理论扩展到末次冰期到现今，在旋回地层学研究领域，时间序列分析方法得到广泛的应用。无论是野外剖面识别观察，还是时间序列分析方法的应用，关键的第一步就是要获取用于研究的数据序列。对于高分辨率的测井曲线数据，选择能够反映古气候变化的参数曲线即可（自然伽马、自然电位、声波、电阻率等），本书选择自然伽马测井数据作为米氏旋回研究的主要古气候替代指标。总的来说，米氏旋回识别的关键就是把深度域数据向频率域转化，再完成频率域到时间域的转变，接着通过对得到的时间序列做频谱分析，获得可以与天文轨道周期参数理论值对比的频谱。

利用频谱分析方法，将数据序列由深度域转换为频率域序列，从得到的频率域能谱分析图中找到峰值频率处所代表的主要旋回周期，将识别出的各个旋回做滤波处理，原理与带通滤波器相同，挑选出起主要控制作用的旋回。假设这些沉积旋回都由相同的轨道周期参数控制，即具有相同的沉积时间，通过建立的时－深转换模型，将最初的深度域数据序列最终转换到时间域，这样再次对时间序列进行频谱分析，在频率域的能谱图中寻找偏心率、斜率和岁差轨道周期，如若出现，即可证明所建立的年代模型正确合理。在研究 250 Ma 之前的地层序列时，人们用的较广泛的判别方法，就是比较沉积旋回或者替代指标的叠置方式，考察其比例关系是否与轨道周期参数的理论数值比值接近。本书也延续了这种思想，采用时间序列分析法（time series analysis）对目的层段进行米氏旋回研究。其中对替代指标数据主要采用数字信号系统的处理方法。基本的处理流程及方法包括：

采样密度估计、数据提取、数据分析预处理（去趋势化、去异常点）和频谱分析研究（见图3-3）。当然这个步骤仅仅适用于某个有限的地层（时间）序列，本研究正是在这种思路下进行。下面将针对数据的选取、采集、预处理、频谱分析、小波分析等工作过程进行详细阐述。

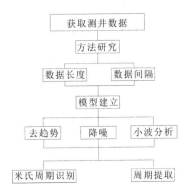

图 3-3　米氏旋回地层研究分析步骤简图

3.2.2.1　地层选取与数据采集

尽管绝大部分的旋回地层分析的目标是尽可能识别出具有较高分辨率的岁差旋回，将地层划分为以岁差旋回（约20 ka）控制的时间序列，但是由于地层存在新老关系，较老地层中未必保存着完整的短周期旋回，只有长周期或超长周期轨道周期能够得到识别，所以在初始分析阶段粗略地估算地层持续时间十分重要。假设我们要分析的地层段可以识别出10个左右的偏心率长周期旋回（405 ka），此时假定该段地层平均沉积速率为10 cm/ka，那么我们要截取的研究层段地层厚度至少要在405 m。数据采集工作首先要确定采样密度（采样间隔），一般采用等间距采样，计算出数据点个数。对于野外露头剖面，采样密度的设计更需要慎重。如果采样过密，费时费力且成本过高；采样过于稀疏，则会漏失一些旋回信息，给之后的分析带来不便甚至出现错误判断。所以我们在采样时，一般遵循 Nyquist 采样定理，简单地说就是，必须保证时间序列分析可以观察到的最短的旋回至少有两个点控制，即一个旋回至少采集两个数据点。但是我们在实际工作中，为了确保采集的有效性，采样频率都设置为最高频率的 5 ～ 10 倍，即每个最小旋回采样 10 ～ 20 个。即便这样，有时候也会漏失一些高频或者薄层所蕴含的信息。本次研究中主要研究层段五峰组 – 龙马溪组属于海相沉积序列，沉积速率稳定，基本可以忽略这种影响，故采样密度设定为 1 m 采集 8 个数据点，采样间隔 0.125 m。

3.2.2.2　数据预处理

（1）去趋势化（detrending）

数据预处理过程中首先要做的就是对原始数据进行去趋势化处理，即消除由于构造背景和沉积环境的影响导致出现的长周期趋势。这个长周期趋势在频谱分析中会表现出极高的振幅（见图 3-4），使得真正的长周期被压制，难以识别。这些假的长周期通常表现为具有极低频的成分，这就使得在频谱分析时，真正的峰值频率相对具有较低的能量而难以被发现，导致漏失真正的周期成分。

从图 3-4 中可以看出，我们设计了一个具有 4 m 周期长度的旋回信号，并且给信号加载了一个随深度偏移的变化趋势。从它的频谱分析图中可以看出，有一个极高能量值的低频组分，而需要识别的代表 4 m 旋回的频率组分的能量值相对较低，被长周期趋势压制，不易识别；数据序列去趋势后，明显可以看出，原先的长周期趋势已消失，在去趋势后的数据序列的频谱图中，明显地存在一个频率峰值，这个峰值频率即代表了这个 4 m 的旋回周期。本过程借助于由美国 MathWorks 公司推出的软件 MATLAB（矩阵实验室），通过调用系统内"detrend"函数完成，调用格式可参照 y=detrend（x），其中 x 代表原始信号，y 代表去趋势预处理后的输出信号值。

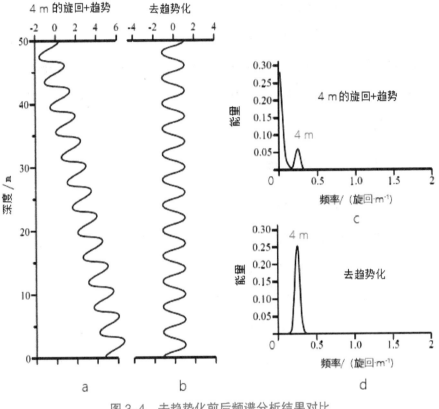

图 3-4　去趋势化前后频谱分析结果对比

（2）去异常值

在研究中发现数据中时常会在个别处出现一些偏离数据正常变化趋势很大的异常点（极大值、极小值），在整体的数据序列中显得异常突兀（见图 3-5）。图 3-5 中红色箭头所指的数据即是需要去掉的异常点，包含极大值和极小值，这些变化并不是米兰科维奇旋回研究所要获取的信息。异常点的存在会导致之后的频谱分析变形，无法正确辨识与轨道周期对应的峰值频率。异常点去除后的空缺可以由相邻数据点的均值替代。

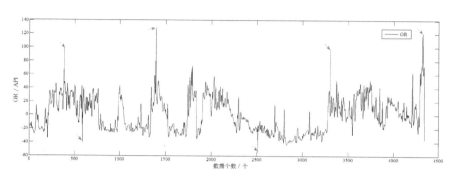

图 3-5　数据序列中的异常点（数据来自须家河组 GR 值，MATLAB 计算）

（3）降噪

从图 3-5 中的自然伽马测井曲线可以看出，曲线整体上存在很多"毛刺"，这些"毛刺"可能是井下仪器在上提或下放的时候与井壁磕碰产生的干扰记录，或是周围环境致使在曲线记录上产生频繁的波动，在这里我们称之为"噪点"。它夹杂在轨道周期信号和其他环境信号之中，阻碍我们正确地提取出真正有用的天文轨道信号，甚至当"噪声"过多，"噪声"信号能量过于强大时会淹没正常的轨道周期信号。传统的消噪方法采用普通的滤波手段，致使信号消噪后失真，产生不平稳波动，且我们无法预料和控制，与原始信号的相关性难以保证。本次研究采用一维小波变换的消噪功能来避免上述提到的问题。

我们需要借助 MATLAB 软件的相关功能实现降噪。运用小波工具箱中的"Specialized Tool 1-D"模块，执行一维消噪程序，调用"denoising.m"，选用的小波基为"sym"小波，MATLAB 程序命令代码见附录，信号去噪效果如图 3-6 所示。图中红色曲线代表信号原始数据，黑色曲线为经小波消噪后的数据显示，可以看出原始曲线上那些红色的"毛刺"经过软件计算处理后全部消失了，证实了此方法的可靠性。

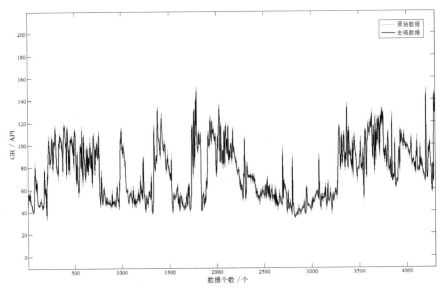

图3-6 原始信号去噪效果示意图（数据来自须家河组GR值，MATLAB软件计算）

3.2.2.3 小波谱分析

对数据进行预处理后，在提取地层中保存的米兰科维奇旋回过程中，将深度域数据向频率域转化，频谱分析是极为关键的一步。功率谱是功率谱密度函数的简称，它被定义为单位频带内信号的功率，它表示了信号功率随着频率的变化情况，即信号功率在频域范围内的分布状况。

频谱分析则是将时间序列的信号强度按频率顺序展开，也就是横坐标频率由小到大分布，纵坐标表示为频率能量，其成为频率的函数（吴怀春等，2011），目的就是要识别出信号中（准）周期性的成分。

具体操作中，可以根据研究层位大致的地质年代，推测出斜率和岁差的大概数值，识别出峰值频率，在此基础上若可以确定地球轨道参数的岁差周期、斜率周期、短偏心率周期和长偏心率周期之比与谱峰周期之比近似，那么我们就可以初步认为地层中记录了米兰科维奇旋回信息（Hinnov，2000；Weedon，2003）。

在旋回地层学研究过程中，常被提及的一个问题就是米兰科维奇旋回的信号是否存在。频谱分析最主要的作用就是评估能量较高（峰值频率）的非随机频段是否与米兰科维奇旋回的频率吻合。在分析来自地层的数据时，须将一些无关的、随机出现的"噪声"与真实的米兰科维奇旋回信号区分开来。这些"噪声"会在几乎所有频率中出现，其能量一般较低。

目前常见的频谱分析的方法主要是多窗谱分析法（multi-taper method，MTM），其由国外学者 Thomson 在 1982 年创立，具有较高的频率分辨稳定性和较好的抗噪性，在短序列的数据分析中以及高噪声背景下的米氏旋回准周期的判断识别中尤为适用。周期图法也可用于频谱分析，该法直接对采集后的预处理数据做傅里叶变换，然后取幅值平方数做频谱图。这种方法的分辨率很低，效果不佳。最大熵谱法（maximum entropy method，MEM）虽然谱峰尖锐，与常规方法比较分辨率高，但是在数据计算过程中有假谱峰出现，也有谱峰相位偏移现象，目前该方法很少应用。所以从频谱分辨率及适用性角度考虑，MTM 法是最佳的选择。

3.3　米氏周期理想模型研究

在地层年代资料缺乏或者精度很低的情况下，可以通过岁差周期、地轴斜率周期、短偏心率周期和长偏心率周期间特有的时间比例来识别地层中的米兰科维奇旋回。依据这种周期比例关系，可以构建一个具有相同比例关系的正弦或余弦周期函数来代表这种具有米氏周期的信号（Yuan et al.，2010）。

3.3.1 序列长度

数据长度的选择会直接影响到分析结果的可靠性。以正弦函数构建模型 $f(x)=\sin x+\sin 4x+\sin 10x+\sin 20x$。在 2π 的周期内假设有 400 个数据点，构建不同数据序列长度信号分别为 2π，4π，6π（见图 3-7）。程序代码见附录 "model_length.m"。

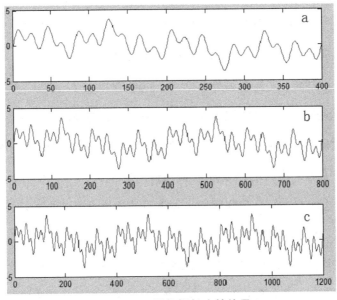

图 3-7　不同数据长度的信号

图中 a 为 2π 长度的信号，b 为 4π 长度的信号，c 为 6π 长度的信号。各数据序列经过一维连续小波变换后，得到相对应的小波能谱图（见图 3-8），其中尺度因子最小值为 1，步长为 1，最大值取 128。

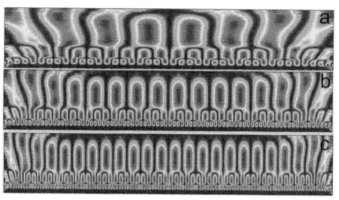

图 3-8　不同数据长度信号的小波能谱图

图 3-8 中 a 为 2π 长度的信号小波能谱，b 为 4π 长度信号小波能谱，c 为 6π 长度信号小波能谱。从图中能量环的变化情况可以看出，对于不同长度信号曲线，当数据序列长度超过 4π（见图 3-8 b）即 $2T_{max}$，小波能谱图可以识别出信号当中蕴含的所有周期，这也符合采样定理中的描述。

从不同数据长度的对比分析图中我们也可以看出，每一个能量环即代表了一个周期，读取能量环的个数即得到了周期个数。由图 3-8a，b，c 我们可以看出，能量环的个数与所处理的数据序列长度相关，当序列长度增大时，一维连续小波分析后的能谱图对周期的刻画能力也越强，信号的多周期性也表现得更加明显，信号中的周期也更加容易识别，周期级别个数也增多。因此我们得到如下结论，只要对所分析的数据序列信号曲线设计的采样频率符合采样定理的要求时，不管序列长度是变长还是变短，相同尺度小波值下周期特征相同，即对小波分析结果中周期所对应的尺度值是没有影响的。

3.3.2　数据间隔

一般情况下，当研究区内层位确定后，相对应的地层厚度或数据长度也就固定了，那么数据间隔（采样密度）的大小也就决定了这套研究层段内数据点的个数多少。对于之前构建的周期函数 $f(x)$ $=\sin x+\sin 4x+\sin 10x+\sin 20x$ 来说，取一定长度周期内的数据序列，并保持周期长度不变（见图 3-9），调整采样间距，由大到小，采用相同的一维小波变换方法（continuous wavelet 1-D）处理，得到如下处理结果（见图 3-10）：随着采样密度的加大，数据间隔减小，在小波能谱图上可明显看出能量环的位置由图 3-10a 到图 3-10c 逐渐上移，即周期中心频率位置处所对应的小波尺度值逐渐增大；并且，随着间距的减小，内部周期所对应的小波尺度值也在相应增大，即原先大间距时对应的尺度值在间距减小时已不能完整刻画周期形态，此时在小间距的数据序列下进行的小波变换，则需要取得更大的小波尺度，才能够分析到信号内所有的周期；并且，随着采样密度的增大，对周期的刻画也越来越清晰。程序代码见附录"model_interval.m"。

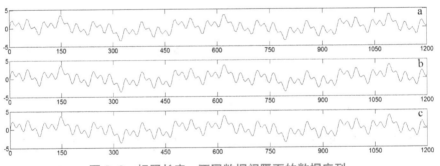

图 3-9　相同长度、不同数据间隔下的数据序列

a 数据间隔为 $\pi/50$，b 数据间隔为 $\pi/100$，c 数据间隔为 $\pi/200$

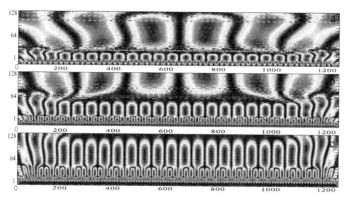

图 3-10　相同长度、不同数据间隔下的数据序列的小波能谱对比图

a 数据间隔为 $\pi/50$，b 数据间隔为 $\pi/100$，c 数据间隔为 $\pi/200$

3.3.3　理想模型建立

旋回地层研究中，沉积物的一些周期性特性（泥质含量变化、沉积颗粒粗细、沉积岩颜色的变化等）均反映了古气候的周期性波动特征。本书主要借助于测井曲线（自然伽马曲线）对地层岩性变化的连续反映来确定米兰科维奇旋回信息，充分利用一维连续小波变换（袁学旭，2010）来快速识别测井曲线的频率结构分布特征。

运用一维连续小波变换来提取地层信号中的时频特征时，重点是要选择合适的小波尺度，并且控制好小波步长。步长过大，得到的小波能谱图中会出现失真现象，说明处理分辨率过低，不利于周期识别；而步长太小，又会加大处理进程工作量，处理速度慢，高频率的短周期旋回在能谱图中的显现也并不理想。本书在前人研究的基础上，借助构建的米氏周期理想模型来摸清小波分析的原理以及实现流程，最后将此方法和模型应用于滇黔北探区的五峰组和龙马溪组的旋回地层研究工作，得到很好的效果。最后的模型构建呈现如下：取三个正弦函数 $\sin 10x$，$\sin 4x$ 和 $\sin x$，周期分别

为 $\pi/5$，$\pi/2$ 和 2π，组合为三种周期信号函数，$f_1(x)=\sin x$，$f_2(x)$ $=\sin x+\sin 4x$，$f_3(x)=\sin x+\sin 4x+\sin 10x$，将单周期函数混合叠加为具有多个周期形式的信号函数。构建的信号曲线如图 3–11 所示，数据序列长度为 10π，采取的数据点个数为 2000 个，图 3–11 中红色虚线代表 2π 周期的范围，蓝色虚线代表 $\pi/2$ 的周期范围，绿色虚线代表 $\pi/5$ 的周期范围，可以看出长周期分别对应多个短周期的组合，最后的组合模拟信号可以观测到三种周期形式。此构建过程的 MATLAB 程序语言代码见附录 "model_signal.m"。

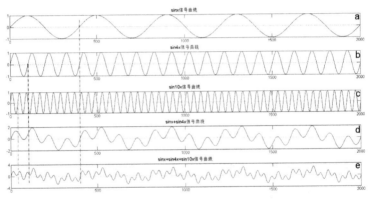

图 3–11　构建不同周期函数的信号曲线对比图

a 为 $\sin x$ 信号曲线，b 为 $\sin 4x$ 信号曲线，c 为 $\sin 10x$ 信号曲线，
d 为 $\sin x+\sin 4x$ 信号曲线，e 为 $\sin x+\sin 4x+\sin 10x$ 信号曲线

对信号 $f_3(x)$ 进行一维连续小波变换处理，选用的小波函数小波基为 Morlet（morl）小波，小波波形及其在频域的展示如图 3–12 所示，Morlet 小波函数表达式为 $\Psi(x)=e-x*x/2\cos(5x)$，最终处理结果如图 3–13 所示。提取变换结果中的小波变换系数尺度值，求取 512 个模平均值，以尺度为横坐标，纵坐标为模平均值，即得到了小波系数尺度值的模平均值曲线（见图 3–14）。从图中可以看出存在三个明显的峰值，即为信

号 $f_3(x)$ 对应的模极值，分别对应三个尺度值为 $a=32$，$a=81$ 和 $a=330$。这三个尺度值的比例关系为 1 ： 2.53 ： 10.31，与该信号的三个周期比值 2π ： $\pi/2$ ： $\pi/5=1$ ： 2.5 ： 10 相同，即这三个小波系数曲线即可作为这个三个周期的变化曲线来对信号进行分析描述，并且这三个尺度值在图 3-13b 中正好处于三个高能量圈的中心位置，证实了模型的适用性，以及小波基函数选择的正确性。提取的周期变化曲线如图 3-15 所示。

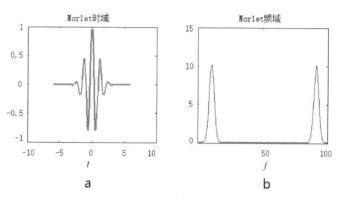

图 3-12　Morlet 小波波形图及频域峰值展示

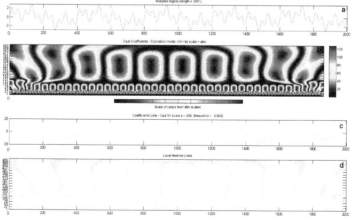

图 3-13　信号 $f_3(x)=\sin x+\sin 4x+\sin 10x$ 的一维连续小波变换结果

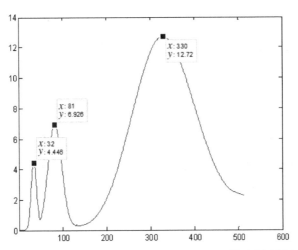

图 3-14　信号 $f_3(x)$ =sin x+ sin4x+ sin10x 的小波模极值曲线

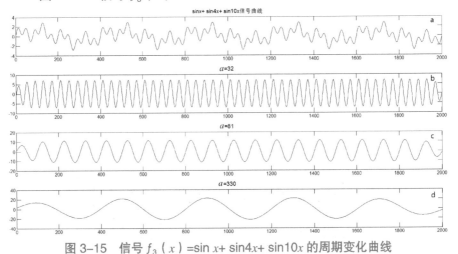

图 3-15　信号 $f_3(x)$ =sin x+ sin4x+ sin10x 的周期变化曲线

　　理想曲线的构建过程如图 3-16 所示，构建过程的 MATLAB 语言代码见附录 "model_milankovitch"。图 3-16 中红色虚线代表 sin x（2π）的周期范围，蓝色虚线代表 sin4 x（π/2）的周期范围，绿色虚线代表 sin10x（π/5）的周期范围，粉色虚线代表 sin20x（π/10）的周期范围，可以看出长周期分别对应多个短周期的组合，最后的组合模拟信号可以观测到四种周期形式。

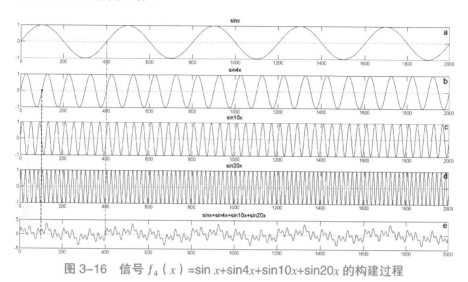

图 3-16　信号 $f_4(x)$ =sin x+sin4x+sin10x+sin20x 的构建过程

a 为 sin$x$ 信号曲线，b 为 sin4x 信号曲线，c 为 sin10x 信号曲线，d 为 sin20x 信号曲线，e 为 sin$x$+sin4x+sin10x+sin20x 信号曲线

对 $f_4(x)$ 应用一维连续小波变换进行处理，结果如图 3-17 所示。提取变换结果中的小波变换系数尺度值，计算得到小波系数尺度值的模平均值曲线（见图 3-18）。从图中可以看出存在四个明显的峰值，分别对应四个尺度值为 a=16，a=32，a=81 和 a=330，四个小波系数曲线即可作为这四个周期的变化曲线来对信号进行分析描述，并且这四个尺度值在图 3-17b 中正好处于四个高能量圈的中心位置，证实了模型的适用性，以及小波基函数选择的正确性。提取的周期变化曲线如图 3-19 所示。

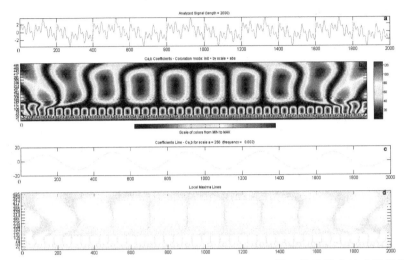

图 3-17　信号 $f_4(x)$=sin x+sin4x+sin10x+sin20x 的一维连续小波变换结果

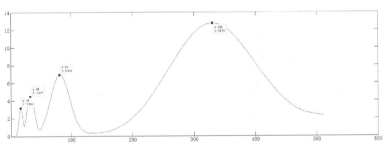

图 3-18　信号 $f_4(x)$=sin x+sin4x+sin10x+sin20x 的小波模极值曲线

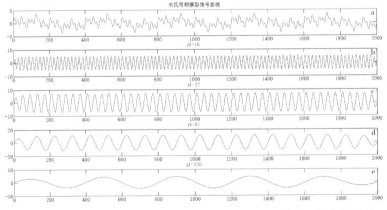

图 3-19　信号 $f_4(x)$=sin x+sin4x+sin10x+sin20x 的周期变化曲线

图 3-19 中的 $a=16$，$a=32$，$a=81$，$a=330$ 这四条小波系数曲线分别代表不同尺度值下对应的旋回周期曲线，对应轨道周期中的岁差、斜率、偏心率短周期及偏心率长周期，以此模型的建立为基础开展后续的米氏周期识别研究。

地球轨道周期理论值岁差周期以 20 ka 计算，地轴斜率周期为 40 ka，偏心率短周期为 100 ka，偏心率长周期为 405 ka，这几个周期的比值为 1：2：5：20，与我们所构建的模型信号提取出的周期比值一致，说明该方法及处理过程中的小波函数的选取，以及参数的设定符合轨道周期变化规律，为一个简化模型，可用于之后的旋回地层研究工作。该方法的关键点在于小波尺度值的选择，合适的尺度值才能反映出正确的米兰科维奇周期成分。

前文提出的米氏旋回识别方法，其理论依据是米兰科维奇天文轨道周期驱动下的沉积旋回，关键是要准确地定位和识别米兰科维奇旋回。前人应用较多的是频谱分析方法，但是由于频谱分析方法的局限性，导致其只提取信号中的频率特征，而丢掉了信号时间特征，因此无法准确地将得到的频率与时间位置相对应，只能给出其平均统计厚度。本书主要应用小波分析技术手段识别米氏旋回，获取旋回周期对应的小波尺度值（袁学旭，2010），借助时频分析方法，将两者结合，互相验证，同时对比地层中的年代地质资料，对米氏旋回的识别具有较高的客观性和准确性。

3.4　研究区五峰 – 龙马溪组米氏旋回研究

近几年的研究和生产实践进一步表明，扬子区的晚奥陶世 – 早志留世的五峰组和龙马溪组是我国页岩气勘探领域的主要目标层位。精细的地层划分对比工作，尤其是高精度的、连续的天文年代标尺的建立以及后续的等时地层对比及三维地层格架的建立，为今后的油气勘探有利层位的选择以及勘探方向部署提供了有力的科学依据。全球志留纪的持续时间相对较短（419.2 ± 3.2 Ma 至 443.8 ± 1.5 Ma），发育有全球海平面升降旋回，可识别出大量的向上变浅的沉积旋回，在我国塔里木盆地对志留纪的沉积旋回研究较多，多数为层序地层研究识别不同级别的旋回层序，而对米兰科维奇旋回的记录研究较少，且缺乏可靠证据证实它的存在，在滇黔北地区内的米氏旋回研究就少之又少了；奥陶纪（443.8 ± 1.5 Ma 至 485.4 ± 1.9 Ma）的旋回地层研究在我国集中在鄂尔多斯盆地韵律层的分析，识别出了岁差周期和短偏心率周期，在塔里木盆地的上奥陶统的碳酸盐岩中也识别出了天文轨道信号，识别出具有米兰科维奇旋回特征的高频旋回。总的来说，对于米兰科维奇旋回的研究在奥陶纪和志留纪地层涉猎较少，在滇黔北地区至今还未有学者对区域内的地层进行过此类研究分析，因此对于这套地层开展米氏旋回研究工作是十分必要的。

3.4.1　目的段岩石地层特征

滇黔北地区五峰组 – 龙马溪组含笔石的暗色泥页岩地层，岩性在纵向上具有一定的渐变性，总体上具有向上颜色逐渐变浅，炭质含量逐渐减少，粉砂质和灰质含量逐渐增多的特征。而这种岩性的变化不仅影响了所含化石门类的种类及含量，同时在测井曲线上也具有不同的响应特征，因此我们根据岩石、生物组合以及测井曲线特征，将五峰组 – 龙马溪组地层划分为五峰组、龙马溪组下段、龙马溪组上段，以五峰组和龙马溪组下段地层为重点层位进行分析。本次对区内的米氏旋回研究，选取了研究区范围内较分散的 3 口井作为研究对象，分别为 Y1 井、Y2 井和 Y3 井，这 3 口井分布在研究区的西部、东部和北部区域。由于研究区内晚奥陶世到早志留世期间，区域构造稳定，由米兰科维奇旋回的等时特性可知，这 3 口井的地层所反映的旋回特征以及识别出的米兰科维奇周期足以代表整个研究区研究层段的米氏旋回特征。下面分别对这 3 口井的地层特征做简要阐述。

（1）五峰组

Y1 井五峰组岩性主要为灰黑色页岩，顶部见一层 0.3 m 厚的灰黑色泥灰岩，该组以泥灰岩的出现作为与上覆地层龙马溪组的分界，以灰色瘤状灰岩的出现作为与下伏地层涧草沟组的分界，即五峰组地层不整合于涧草沟组灰岩之上；在古生物上，五峰组观音桥段产腕足类化石，下部页岩段产大量笔石化石，包含了 *Dicellograptus complanatus* 至 *Nomalograptus extraordinarius* 等生物带，时限为晚奥陶世 Katian 晚期至 Hirnantian 期，依据我国古生物学者陈旭的研究成果（Chen et al., 2000），将地层中对应的生物带划分并与岩石地层单位进行比对（见图 3–20）。五峰组岩性特征反映到测井曲线上表现为：界面之上自然伽马值（124 ～ 309.8 API，平均值为 197.7 API）相对较大；RD 电阻率值（9.8 ～ 44.8 Ω·m，平均值为 19.9 Ω·m）相对较小；与龙马溪组有较大区别（见图 3–21）。Y2 井五峰组（2200.1 ～ 2205.55 m），顶部有一层较薄的生物碎屑灰岩，含介壳、腕足等化石，下部为黑色页岩。与上覆地层龙马溪组整合接触，与下伏涧草沟组不整合接触，由于该组有两套不同岩层，因而岩性和电性特征都存在较大差异。自然电位 SP 在 11.69 ～ 26.17 mV 之间，平均值为 16.94 mV；GR

在 86.26 ~ 455.26 API 之间，平均值为 235.05 API；井径 CAL 在 8.39 ~ 8.47 cm 之间，平均值为 8.42 cm；球形聚焦测井在 27.91 ~ 178.54 Ω·m，平均值为 96.42 Ω·m; LLS 在 24.78 ~ 176.09 Ω·m 之间，平均值为 99.70 Ω·m; LLD 在 25.45 ~ 175.16 Ω·m 之间，平均值为 102.28 Ω·m。岩芯颜色较深，观音桥段见大量腕足化石，下段黑色页岩发育部分笔石（见图 3-22）。

Y3 井五峰 - 龙马溪组（1028.5 ~ 1285 m）地层厚度为 256.5 m，为一套暗色泥页岩地层（见图 3-23），岩性上与 Y1 井略有差别，以黑色、黑灰色页岩为主，夹有砂岩、泥岩和砂质泥岩等，总体上具有向上颜色逐渐变浅，炭质含量逐渐减少以及粉砂质和灰质含量逐渐增多的特征。根据岩石、生物组合以及测井曲线特征，将龙马溪组 - 五峰组地层划分为五峰组、龙马溪组下段、龙马溪组上段，采用和 Y1，Y2 井相同的划分方案。

地层系统		生 物 带				岩石地层
兰多维列统	鲁丹阶	*Parakidograptus acuminatus* Zone			*Eospirifer*	龙马溪组 ①
		Akidograptus ascensus Zone				
	赫南特阶	*Normalograptus persculptus* Zone				②
		Normalograptus extraordinarius-Normalograptus ojsuensis Zone		Hirnantia Fauna		五峰组
上奥陶统	凯迪阶	*Paraothograptus pacificus* Zone	*Diceratograptus mirus* Subzone	Manosia		
			Tangyagraptus typicus Subzone			
			Lower Subzone			
		Dicellograptus complexus Zone				
		③				涧草沟组
		Foliomena-Nankinolithus Zone				

图 3-20　目的层生物带及岩石地层单位划分（据 Chen et al.，2000 修改）

① 五里坡层；② 观音桥层；③ *Dicellograptus complanatus* Zone

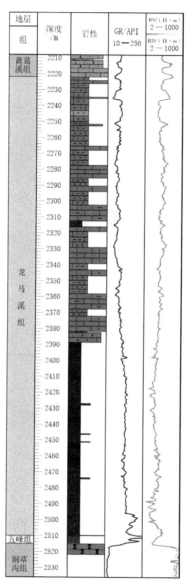

图 3-21　Y1 井五峰组 – 龙马溪组地层划分综合柱状图

灰岩　灰质泥岩　泥岩　页岩　介壳灰岩　瘤状灰岩　粉砂质泥岩

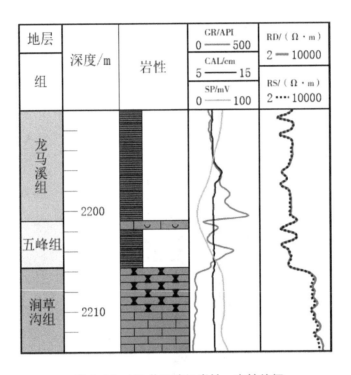

图 3-22　Y2 井五峰组岩性、电性特征

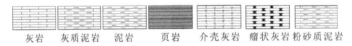

灰岩　灰质泥岩　泥岩　页岩　介壳灰岩　瘤状灰岩　粉砂质泥岩

（2）龙马溪组下段

　　Y1 井在此段岩性主要为黑色粉砂质页岩、炭质页岩，局部地区夹少量的粉砂质泥岩、钙质泥岩、泥质粉砂岩等，为研究区有利的泥页岩层段。厘米级和毫米级的微细纹层极为发育，普遍含黄铁矿晶粒，常呈星点状或纹层状；岩层中含大量的笔石化石，并以聚集式保存，另可见极少的三叶虫、腕足类、瓣鳃类。

　　下段地层与下伏五峰组观音桥段岩性界面清楚，通常划分在厚度不大，产 *Hirnantia-Kinnella* 动物群的上奥陶统五峰组观音桥段暗色泥灰岩或钙质泥岩之上。在古生物组合上，常以 *N.persculptus* 带的首现面为其底界，下伏观音桥段则盛产 *Hirnantia—Dalmanitina* 动物群　化石。

下段地层与上段地层的岩性通常为渐变的，岩性界面通常不易划分，下段岩性通常表现为颜色相对较深，炭质含量相对较大，粉砂质和灰质含量相对较小。在古生物组合上，两段地层的分界面较清楚，常以 *D.triangularis* 带的首现面为其顶界面。由于下段岩性的上述特征，该段地层在测井曲线上总体表现为自然伽马值（105.9 ~ 219.4 API，平均值为 105.9 API）相对较大，RD 电阻率值（3.3 ~ 61.1 Ω·m，平均值为 18.2 Ω·m）相对较小。Y2 井在该段地层（2091 ~ 2201 m）以黑色泥页岩为主，与下伏五峰组整合接触，地层灰质含量较上段地层低，自然电位变化不大，自然伽马曲线较上段地层有上升趋势。生物特征与 Y1 井相同。Y3 井与 Y1 井具有相同的地层特征。

（3）龙马溪组上段

Y1 井在此段岩性主要为灰色、深灰色、灰黑色灰质泥岩，泥岩，粉砂质页岩，夹粉砂岩、泥灰岩或灰岩，含黄铁矿。岩层中含多门类的生物群化石，其中笔石多见于以碎屑岩岩层为主的层段，相对于下段地层，笔石含量明显变小，总体具有向上减少的趋势，常以分散式保存；同时腕足类、三叶虫以及珊瑚等化石亦较发育，而瓣鳃类、腹足类、棘皮类、层孔虫类化石含量较少。

上段地层与上覆石牛栏组或黄葛溪组岩性界面较清楚，以出现较厚的壳相泥灰岩、灰岩或钙质砂岩为其顶界。在古生物组合上，常以 *S.guerichi* 带的首现面为其顶界的划分标志。由于上段的顶界面上下地层岩性具有一定的变化，反映到测井曲线上表现为：界面之上 2222 ～ 2388.5 m 层段自然伽马值（40.79 ～ 121.4 API，平均值为 81.9 API）总体相对较小，声波时差值（173.4 ～ 274.415 ms/m，平均值为 224 ms/m）相对较小，RD 电阻率值（12.8 ～ 191.6 Ω·m，平均值为 37.99 Ω·m）相对较大（见图 3–21）。

总之，从 3 口井的地层综合柱状图可以看出，龙马溪组地层相对于下伏五峰组地层具有颜色较浅，炭质含量较低，粉砂质和灰质含量较高的特征，其在测井曲线上总体表现为自然伽马值相对较小，声波时差值（平均值为 226.18 ms/m）相对较小，RD 电阻率值（平均值为 26.23 Ω·m）相对较大，密度值（平均值为 2.65 g/cm³）相对较大的特征（见图 3–21、图 3–23、图 3–24）。

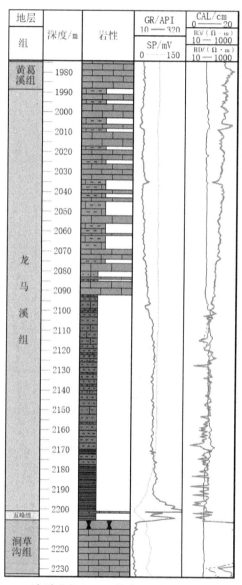

图 3-23　滇黔北探区 Y2 井龙马溪组地层综合柱状图

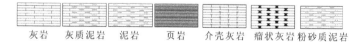

灰岩　灰质泥岩　泥岩　页岩　介壳灰岩　瘤状灰岩　粉砂质泥岩

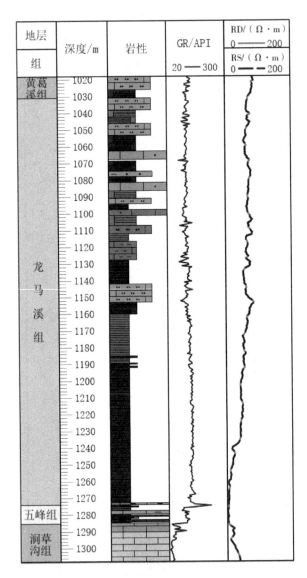

图 3-24　滇黔北探区 Y3 井龙马溪组地层综合柱状图

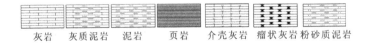

灰岩　　灰质泥岩　　泥岩　　　页岩　　介壳灰岩　瘤状灰岩粉砂质泥岩

3.4.2　Y2 井五峰 – 龙马溪组米氏旋回研究

3.4.2.1　GR 数据预处理

以五峰组 – 龙马溪组（1988.75 ～ 2205.6 m）地层为研究对象，选取自然伽马（GR）测井曲线作为本次研究替代指标（见表 3-3），提取自然伽马测井曲线的数值组成数组序列。

表 3-3　Y2 井 GR 原始数据与预处理后数据比对表

深度 /m	原始 _GR/API	小波消噪 _GR	去趋势 _GR
1969.25	65.924	67.520 113 47	3.909 896 42
1969.375	65.714	67.791 337 51	4.141 894 091
1969.5	65.438	68.121 162 99	4.432 493 207
1969.625	65.133	68.518 077 21	4.790 181 065
1969.75	65.589	68.961 931 52	5.194 809 014
1969.875	67.151	69.433 006 21	5.626 657 345
1970	69.568	69.881 874 87	6.036 299 642
1970.125	72.065	70.259 443 77	6.374 642 178
1970.25	73.559	70.580 190 2	6.656 162 242
1970.375	73.619	70.858 329 91	6.895 075 596
1970.5	73.219	71.127 309 01	7.124 828 333
1970.625	73.485	71.432 153	7.390 445 961
1970.75	74.134	71.710 040 94	7.629 107 534
1970.875	74.314	71.882 746 41	7.762 586 645
1971	74.106	71.938 202 04	7.778 815 909
1971.125	73.941	71.840 655 29	7.642 042 801
1971.25	73.139	71.619 496 42	7.381 657 564
1971.375	71.382	71.361 607 97	7.084 542 75
……	……	……	……
2223.375	25.608	26.756 604 69	–116.600 807 6
2223.5	26.512	27.619 236 34	–115.777 402 3
2223.625	26.6	28.534 652 33	–114.901 212 7
2223.75	26.567	29.447 846 89	–114.027 244 5
2223.875	27.191	30.325 668 22	–113.188 649 5
2224	28.909	31.087 988 82	–112.465 555 3
2224.125	31.397	31.657 724 21	–111.935 046 3
2224.25	33.729	32.056 024 58	–111.575 972 2

续表

深度 /m	原始 _GR/API	小波消噪 _GR	去趋势 _GR
2224.375	34.806	32.327 990 89	–111.343 232 3
2224.5	34.471	32.508 563 34	–111.201 886 2
2224.625	33.443	32.645 349 55	–111.104 326 4
2224.75	32.94	32.751 161 75	–111.037 740 5
2224.875	33.361	32.822 498 61	–111.005 63
2225	34.327	32.889 920 53	–110.977 434 5
2225.125	35.109	32.981 852 45	–110.924 728 9

为了能够探查目的层段米氏周期的全貌，提取数据时将顶底深度各自向上向下延伸，数据间隔为 0.125 m，共处理数据点 2048 个，由于数据体庞大，故在表 3–3 中仅展示部分数据处理结果，中间大部分数据省略，处理项目包括小波消噪和去趋势化。由数据比对结果可以看出，进行预处理后的 GR 数据体与原始 GR 数据差异很大，主要是由于最后一步消除伪长周期趋势而引起的数据的整体变动。

运用前文提到的数据预处理方法，对提取的原始 GR 数组序列进行去趋势化（detrending）、去异常值、预白化（pre-whiting）和去噪点（denoising）处理，得到预处理后的自然伽马曲线（见图 3–25）。其中去趋势化的处理调用 MATLAB 程序软件，函数表达式为 y=detrend（x），式中 x 为预处理数据，是一个 $n \times 1$ 的矩阵，y 为返回的运算结果，同样为一个 $n \times 1$ 的矩阵，n 为数据个数。降噪过程也借助于 MATLAB 软件完成，运用一维离散小波变换，选用的小波函数为 "sym" 小波，分解尺度选 8，阈值选取规则为固定阈值、软阈值，噪声结构选择无尺度白噪声，附录中有具体的程序代码。

图 3–25 中 a 图为 Y2 井五峰组至龙马溪组自然伽马曲线，为了能够将研究层段中所有米氏周期识别完全，探究层段中所蕴含的米兰科维奇周期全貌，所以在实际采取数据时，数据范围超出了研究层段的顶、底深度（"穿

鞋戴帽"），数据间隔 0.125 m，数据点个数总共 2048 个，延伸到石牛栏组和宝塔组；图 3-25b 为经过去趋势化处理后的曲线形态，从图中可以看出，横坐标数据点个数及位置没有变化，但是纵坐标 GR 数值发生较大变化（整体向下平移）；图 3-25 中 c 图为进行预白化及消噪处理后的曲线形态，仅从曲线整体形态看不出有什么改变，但是若放大横坐标观察，会发现原始曲线中的很多"毛刺"被消除了，变得平滑了许多（见图 3-26）；图 3-25d 为原始曲线与经过预处理后的曲线在同一坐标体系里的对比图。

对比发现，除了将原始曲线的长周期趋势去除，曲线的整体形态及峰值起伏变化均未发生明显变化，但从表 3-3 中处理前后的 GR 数据对比可以看出，预处理工作已经完全改变了纵坐标值，而横坐标值未做变动。由旋回地层替代指标的含义我们可知，原始的 GR 曲线不仅记录了该段地层的地质信息，同时也记录着时间信息，这个时间信息即是横坐标值，本次预处理的结果针对纵坐标（地质记录）的转变并没有影响到与之对应的时间信息，所以预处理流程并没有破坏原始地层的时空关系，故原始曲线中所蕴含的米兰科维奇轨道信息经过数据预处理后依然得到较完好的保存（注：图中横坐标的深度信息以对应的数据序列序号数显示，未做深度展示，便于后续的小波变换分析）。所以图 3-25 的处理结果体现出了本研究中所设计的预处理流程和方法的可取性与正确性，同时也体现了小波降噪的特点与优势。后续的研究工作可直接套用此流程方法进行数据预处理。

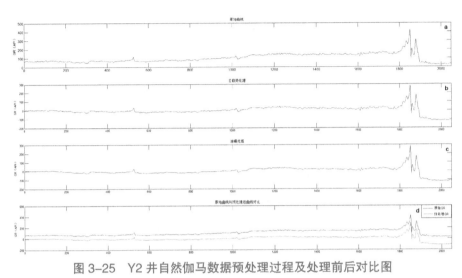

图 3-25　Y2 井自然伽马数据预处理过程及处理前后对比图

　　a 为预处理前的 GR 数据曲线；b 为经过去趋势化后得到的数据曲线，处理程序见正文；c 为对去趋势后的曲线进行一维小波降噪程序得到的数据曲线；d 为经过预处理后的最终曲线形态与原始 GR 曲线的同图层对比图

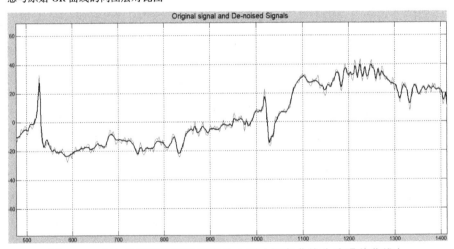

图 3-26　Y2 井消噪处理的局部放大图（红色曲线为消噪前曲线）

3.4.2.2　一维连续小波分析

　　得到预处理结果后，接下来进行小波谱分析。首先将预处理后的 GR

曲线数据进行一维连续小波变换，选用 Morlet（morl）小波。对于 Morlet
小波的性质及简介在前文建立理想模型时已经进行过解析，在此不再赘述，
直接引用进行一维小波分析。然而我们得到的数据处理结果（见图 3-27）
却并未显示出明显的周期，无论如何调节运算参数，都无法达到理想效果。

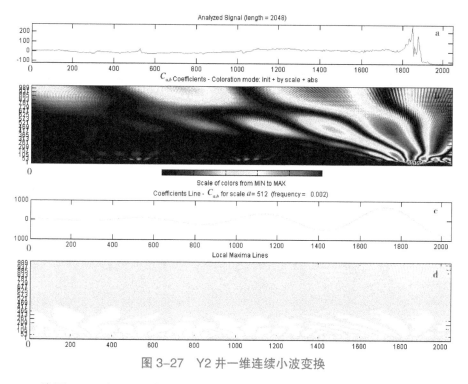

图 3-27　Y2 井一维连续小波变换

从图 3-27 中可以看到，在 GR 曲线幅值变化剧烈处，小波谱图显示
此处能量环较集中，但并未呈现出周期趋势，无法识别米氏周期，且由
$a=512$ 处尺度值的小波系数曲线观察，曲线在 1200 个数据点之前均没有起
伏波动，仅在后半段数据显示出周期特征，也仅仅存在一个周期，不足以
构成米氏周期的识别范围。导致此种现象的原因可能是因为在 GR 曲线幅
值波动较大的地方进行小波分析时，峰值点被误判为异常点，由于曲线在

此存在异常极值，致使在整段数据处理时，该点处附近的能量值高于其他点位，程序默认以高能量的谱峰显示为主，这就放大了峰值点的周期谱图，使得真正的米氏周期被淹没。

不同于数据预处理过程中的异常点，此处极大值不可以用前文所讲的去异常点的方法进行处理。由于此处 GR 高值地层对应着岩性突变点，并且由前人研究成果可知，研究层段此处位于五峰组顶部的观音桥层附近，此时期存在重大地质事件（冰期事件），使得古气候和沉积古环境都有较强烈的波动，如若除去将无法识别，故本次研究针对此种情况，将目的层段分为 A, B 两段分别进行米氏旋回研究，将信号分为 A, B 两段进行处理（见图 3-28）。

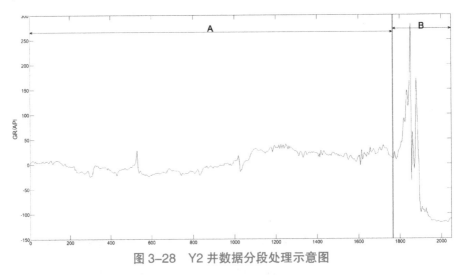

图 3-28　Y2 井数据分段处理示意图

重新提取两段地层的数据体，并重复上一节中的 GR 数据预处理流程，得到的数据处理结果比对如表 3-4 所示。分段后的数据比对表显示，数据处理结果明显不同于之前整段处理后的数据结果。由处理结果的差异性也证明了 GR 异常极大值的存在对米氏旋回周期的影响，因此对目的层的分段处理是十分必要的。

　　分别提取 A，B 两段的去趋势后的自然伽马数据，对其进行一维连续小波变换，其中 A 段地层的小波尺度最大值设定为 512，B 段地层的小波尺度最大值设定为 128，步长设为最小值 1，选取 Morlet 小波运算，得到的处理结果如图 3-29 和图 3-30 所示。

表 3-4　Y2 井分段数据比对表

A 段深度 /m	原始_GR/API	小波消噪_GR	去趋势_GR	B 段深度 /m	原始_GR/API	小波消噪_GR	去趋势_GR
1969.25	65.924	67.500	18.910	2190.125	138.507	139.709	−91.621
1969.375	65.714	67.764	19.113	2190.25	140.055	142.076	−88.377
1969.5	65.438	68.091	19.378	2190.375	143.56	145.501	−84.075
1969.625	65.133	68.492	19.718	2190.5	148.169	149.281	−79.418
1969.75	65.589	68.947	20.111	2190.625	154.488	152.956	−74.865
1969.875	67.151	69.430	20.533	2190.75	161.223	157.090	−69.855
1970	69.568	69.890	20.931	2190.875	164.146	159.378	−66.690
1970.125	72.065	70.272	21.252	2191	159.542	156.717	−68.473
1970.25	73.559	70.594	21.511	2191.125	151.759	151.858	−72.455
1970.375	73.619	70.870	21.727	2191.25	146.07	148.589	−74.848
1970.5	73.219	71.138	21.933	2191.375	144.798	146.699	−75.860
1970.625	73.485	71.445	22.178	2191.5	145.165	145.861	−75.821
1970.75	74.134	71.726	22.398	2191.625	145.076	145.402	−75.404
1970.875	74.341	71.901	22.511	2191.75	143.288	143.808	−76.121
1971	74.103	71.958	22.506	2191.875	140.758	142.368	−76.683
1971.125	73.941	71.860	22.346	2192	140.002	143.096	−75.078
……	……	……	……	……	……	……	……
2004	59.286	59.032	−6.688	2222.75	24.162	25.164	22.751
2004.125	58.796	59.582	−6.199	2222.875	23.19	25.181	23.645
2004.25	59.35	60.307	−5.536	2223	22.538	25.336	24.677
2188	147.022	148.178	−8.253	2223.125	22.868	25.616	25.834
2188.125	147.86	147.839	−8.654	2223.25	24.107	25.991	27.087
2188.25	146.571	147.350	−9.204	2223.375	25.608	26.426	28.398
188.375	2144.714	146.858	−9.758	2223.5	26.512	26.883	29.732
2188.5	144.19	146.481	−10.191	2223.625	26.6	27.369	31.095
2188.625	145.86	146.352	−10.387	2223.75	26.567	27.895	32.498
2188.75	147.714	146.382	−10.419	2223.875	27.191	28.488	33.969
2188.875	148.153	146.433	−10.429	2224	28.909	29.176	35.533
2189	147.052	146.412	−10.512	2224.125	31.397	29.914	37.149

续表

A 段深度 /m	原始 _GR/API	小波消噪 _GR	去趋势 _GR	B 段深度 /m	原始 _GR/API	小波消噪 _GR	去趋势 _GR
2189.125	145.405	146.219	−10.767	2224.25	33.729	30.651	38.763
2189.25	144.282	145.886	−11.161	2224.375	34.806	31.324	40.313
2189.375	144.31	145.499	−11.610	2224.5	34.471	31.867	41.733
2189.5	145.303	145.083	−12.087	2224.625	33.443	32.299	43.042
2189.625	146.128	144.674	−12.558	2224.75	32.94	32.656	44.276
2189.75	145.282	144.298	−12.996	2224.875	33.361	32.972	45.469
2189.875	142.72	143.965	−13.391	2225	34.327	33.288	46.662
2190	139.763	143.713	−13.704	2225.125	35.109	33.588	47.840

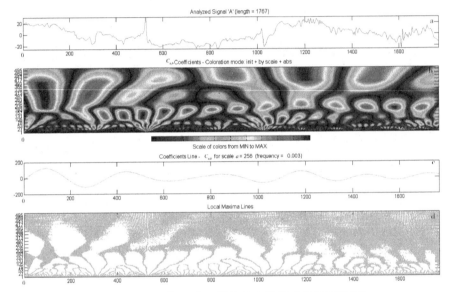

图 3-29　Y2 井 A 段一维连续小波处理结果示意图

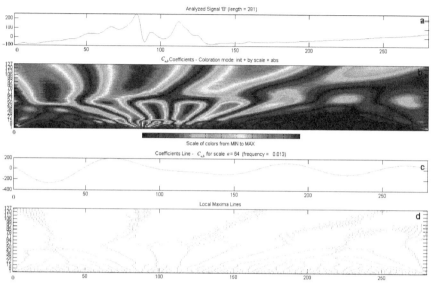

图 3-30　Y2 井 B 段一维连续小波处理结果示意图

从小波能谱图中可以看出较明显的周期现象。图中 a 为预处理后得到的 GR 数据绘制的曲线；b 为对 a 进行一维连续小波变换后得到的小波能谱图，能谱图中亮色的能量环即代表一个周期，横坐标即对应着该周期所对应的小波尺度值，能量环的个数即代表了周期个数；c 为小波尺度在当前值下的小波系数曲线，通过该曲线的周期特征也可以直接获取当前尺度下的周期个数；d 为小波系数等值线图，与 b 图类似，纵坐标代表着不同的小波尺度。从以上结果可以看出一维连续小波分析在周期识别中的优势，它可以快速地将分析结果以谱图的形式展现出来，从谱图中可直接快速判断分析结果的合理性，以及对周期结果进行预估，证明了该方法在该工区的适用性。

接下来提取小波系数矩阵来寻找模极大值，进而选择恰当的小波尺度值来分析信号的周期组成，并以此为基础进行后面的研究工作。提取一维连续小波变换结果中的小波尺度值，提取结果为一个 $m \times n$ 的矩阵，m 为所设定的小波最大尺度值，n 为所处理的层段数据个数。例如 Y2 井 A 段地层，$m=512$，$n=1767$，B 段地层 $m=128$，$n=281$。由于数据体量过于庞大，本处不做展示，只对运算过程和计算方法加以解释说明。

A 段地层数据为 512 行 1767 列的矩阵，需要分别计算每一尺度值下的小波系数的模平均值。在此借助 Office Excel 中的公式编辑器来进行数据运算，运算公式为 y=（SUM（ABS（1：n）））/n，其中包含求和函数和求绝对值函数，以及平均值运算，式中的 n 为第 n 列处的数据值。用此方法计算这 512 个尺度值下的模平均值，求得的结果以尺度值为横坐标，对应的模平均值为纵坐标，构建模平均值曲线。

在寻找小波模平均值曲线中的极大值时，为了避免人为识别时产生的误差以及不精确性，可以根据极值的定义，在 Office Excel 表格中自行定义公式，运用公式计算出模极值，再根据极值附近数据判断其为极大值或极小值。也可以直接调用 MATLAB 2014a 中的"findpeaks"函数，调用格式为［pks，locs］=findpeaks（data），式中 data 为模均值数据，pks 为找寻到的极大值，locs 为极大值的位置，识别结果如图 3–31 所示，MATLAB 程序代码见附录"findpeaks.m"，极值位置用红色△标注。

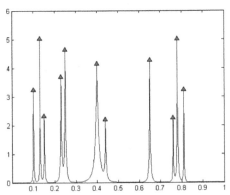

图 3–31　具有 11 处峰值信号的"findpeaks"函数识别示意图

　　研究区内 Y2 井 A 段地层小波模极值结果如图 3-32 所示，调用峰值识别程序，运算得到三组返回值，一共识别出三处峰值（16，5.128），（64，14.98）和（384，65.53），分别对应着小波尺度值 16，64 和 384。由之前的研究发现，比值 16∶64=1∶4 与天文轨道周期短偏心率周期 100 ka 与长偏心率周期 405 ka 的比值几乎一致，因此，我们可以初步认为该套地层保存有完整的天文轨道周期记录，且主要受控于偏心率长和偏心率短周期。至于 a=384 处的峰值，可以将其理解为超长偏心率周期 2.4 Ma，作为偏心率长周期的调谐周期，当偏心率长周期对地层中轨道周期的刻画不清晰时，将此超长周期作为标尺，对偏心率长周期重新进行刻画，使其显现更清楚，周期更易识别。

　　分别提取尺度值为 a=16，a=64 和 a=384 这三处的小波系数曲线，以此代表该分析层段的周期旋回曲线（见图 3-33），从旋回周期曲线图中可以直接读出各旋回周期的个数，从而计算 A 段地层的沉积持续时间，进而开展后续工作。

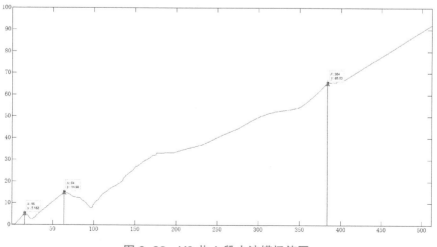

图 3-32　Y2 井 A 段小波模极值图

以同样的方法及流程对 Y2 井 B 段地层小波模极值进行识别计算，结果如图 3-34 所示，一共识别出两处峰值，分别为（13.0，38.5）和（34.0，102.6）。由之前的研究发现，比值 13 ∶ 34=1 ∶ 2.6 与天文轨道周期黄赤交角周期 40 ka 与短偏心率周期 100 ka 的比值近似一致。

我们可以初步认为该套地层保存有完整的天文轨道周期记录，且主要受控于斜率周期和偏心率短周期。分别提取尺度值为 a=13 和 a=34 这两处的小波系数曲线，以此代表该分析层段的斜率周期旋回曲线和短偏心率周期曲线（见图 3-35），从旋回周期曲线图中可以读出各旋回周期的个数，从而计算 B 段地层的沉积持续时间。

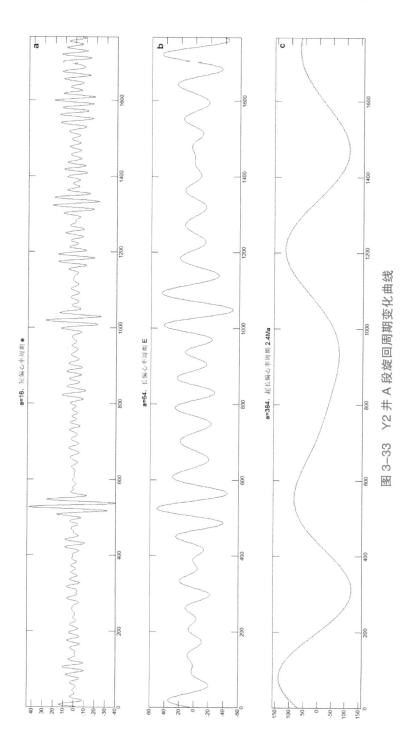

图 3-33　Y2 井 A 段旋回周期变化曲线

a 为短偏心率周期曲线 e（100 ka）；b 为长偏心率周期曲线 E（405 ka）；c 为超长偏心率周期曲线，
作为长偏心率周期的调制周期（2.4 Ma）

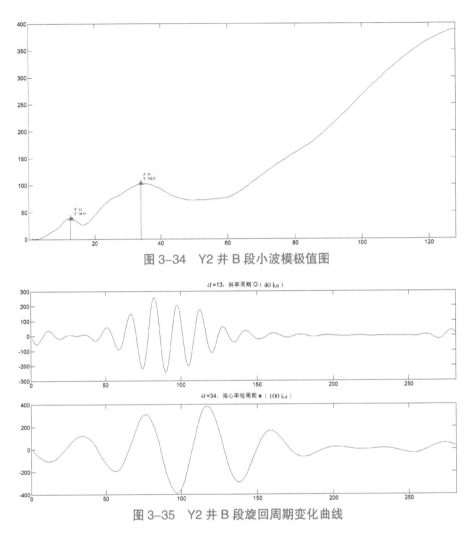

图 3-34　Y2 井 B 段小波模极值图

图 3-35　Y2 井 B 段旋回周期变化曲线

　　综合之前的数据处理结果，发现 Y2 井 A，B 段均保存有较完好的天文轨道周期记录。其中，从 A 段的旋回周期变化曲线中（见图 3-33）识别到 a=16 代表的偏心率短周期具有旋回个数为 92 个，沉积持续时间为 9.2 Ma，a=64 代表的偏心率长周期具有旋回数个近 24 个，沉积持续时间大约为 9.72 Ma，而作为长偏心率的调制周期 a=384 具有近 3 个周期，以此计算得到的沉积持续时间大约为 7.2 Ma，但作为调制周期，并不把它计算在轨道周期内，也就不列入地层持续时间的计算范畴，因此研究层段 A（1969.25 ～ 2190 m）地层的平均沉积持续时间为 9.46 Ma，由于整个研究区在晚奥陶世至早志留世期间没有大的构造变动，而且地层连续沉积，没有遭受风化剥蚀，故计算得到该层段的沉积物平均堆积速率为23.34 m/Ma；从 B（2190 ～ 2225.125 m）段的旋回周期变化曲线中（见图 3-35）识别到 $a=13$ 代表的斜率周期具有旋回个数 16.5 个，沉积持续时间为 0.66 Ma，$a=34$ 代表的偏心率短周期具有旋回个数 6.5 个，沉积持续时间为 0.65 Ma，因此研究层段 B 地层的平均沉积持续时间为 0.655 Ma，该段地层的沉积物平均堆积速率为 53.63 m/Ma。因此得出滇黔北探区 Y2 井 1969.25 ～ 2225.125 m 的地层大概经历了 10.12 Ma，平均沉积速率为 25.28 m/Ma。沉积速率的变化也反映出从晚奥陶世时期向志留纪过渡时沉积环境的改变，而且大幅度的堆积速率变化也说明在 O-T 界线处出现过一次地质事件，这极有可能是地球轨道周期的变化所导致的。Y2井 A，B 段的旋回周期综合柱状图如图 3-36 和图 3-37 所示。

从 A 段地层的综合柱状图中，我们看到，整个龙马溪组地层识别出保存完好的偏心率长、短周期，其中在龙马溪组上段地层中，得到偏心率长周期 14 个。从岩性柱中我们看到上段地层的岩性变化频繁，灰岩（粗粒）、灰质泥岩（细粒）不等厚互层，具有一定韵律性，以一套灰岩沉积和一套灰质泥岩沉积为一个岩性旋回段，统计得到龙马溪上段地层具有 14 个岩性旋回段（见表 3-5），这与该段地层记录的偏心率长周期个数一致，每经历一个偏心率长周期便发育一套旋回地层，沉积持续时间大致为 405 ka。地层的岩性旋回段与我们所识别的轨道周期的这种耦合关系也证实了我们所识别的偏心率周期的正确性，同时，也为地层的精细划分及对比工作提供一种有效的方法。

表 3-5　Y2 井龙马溪组上段岩性旋回统计表

地层	顶深/m	底深/m	层厚/m	岩性	岩性旋回段序号	顶深/m	底深/m	层厚/m	岩性	岩性旋回段序号
龙马溪组上段	1988	1991	3	灰黑色灰质泥岩	1	2041	2043	2	灰色灰质泥岩	8
	1991	1994	3	灰色灰岩		2043	2045	2	灰色灰岩	
	1994	1996	2	灰色灰质泥岩	2	2045	2052	7	灰色灰质泥岩	9
	1996	2003	7	灰色灰岩		2052	2056	4	深灰色泥灰岩	
	2003	2006	3	深灰色灰质泥岩	3	2056	2061	5	灰色灰质泥岩	10
	2006	2008	2	灰色灰岩		2061	2062	1	灰色灰岩	
	2008	2010	2	灰色灰质泥岩	4	2062	2069	7	灰色灰质泥岩	11
	2010	2017	7	灰色泥质灰岩		2069	2074	5	灰色灰岩	
	2017	2019	2	灰色灰质泥岩	5	2074	2076	2	灰色灰质泥岩	12
	2019	2024	5	灰色灰岩		2076	2080	4	灰色灰岩	
	2024	2026	2	灰色灰质泥岩	6	2080	2083	3	灰黑色含灰泥岩	13
	2026	2034	8	灰色灰岩		2083	2084	1	灰色灰岩	
	2034	2039	5	黑灰色灰质泥岩	7	2084	2085	1	灰色含灰泥岩	14
	2039	2041	2	灰色灰岩		2085	2092	7	灰色灰岩	

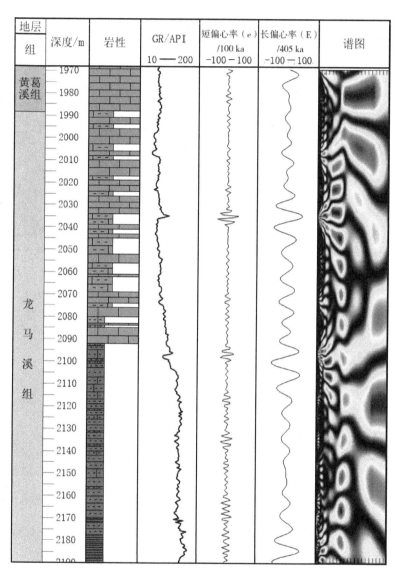

图 3-36　Y2 井 A 段地层米氏旋回综合柱状图

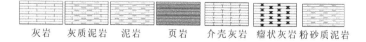

灰岩　　灰质泥岩　　泥岩　　页岩　　介壳灰岩　　瘤状灰岩　粉砂质泥岩

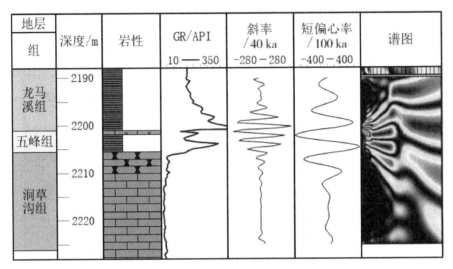

图 3-37 Y2 井 B 段地层米氏旋回综合柱状图

灰岩　灰质泥岩　泥岩　页岩　介壳灰岩　瘤状灰岩 粉砂质泥岩

3.4.3 Y1 井五峰 – 龙马溪组米氏旋回研究

3.4.3.1 GR 数据预处理

以五峰组 – 龙马溪组（2222 ~ 2515 m）地层为研究对象，选取自然伽马（GR）测井曲线作为本井段目的层米氏旋回研究的替代指标，提取自然伽马测井曲线的数值组成数组序列。同样为了取得较好的米氏周期视野，将数据提取的范围由五峰组和龙马溪组地层分别向下向上延伸 10 余米到宝塔组和石牛栏组地层，数据间隔为 0.125 m，共处理数据点 2562 个。运用 Y2 井的数据预处理方法，对提取的原始 GR 数组序列进行去趋势化（detrending）和去噪点（denoising）处理，得到预处理后的自然伽马曲线（见图 3-38）。

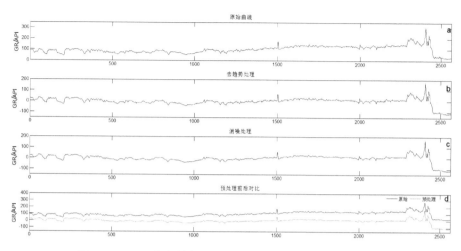

图3-38 Y1井自然伽马数据预处理过程及处理前后对比

图3-38中a图为Y1井五峰组至龙马溪组原始自然伽马曲线；图3-38b为经过去趋势化处理后的曲线形态，从图中可以看出，横坐标数据点个数及位置没有变化，但是纵坐标GR数值发生较大变化（整体向下平移），消除了原始曲线整体上浮的趋势；图3-38中c图为进行预白化及消噪处理后的曲线形态，仅从曲线整体形态看不出有什么改变，但是若放大横坐标观察，会发现原始曲线中的很多"毛刺"被消除了，变得平滑了许多；d为原始曲线与经过预处理后的曲线在同一坐标体系里的对比图，对比发现，除了将原始曲线的长周期趋势去除，曲线的整体形态及峰值起伏变化均未发生明显变化，原始曲线中所蕴含的米兰科维奇轨道信息经过数据预处理后依然得到较完好的保存。由Y1井的预处理结果及Y2井的处理经验我们得知，Y1井依旧需要采取分段处理的方式进行米兰科维奇旋回识别研究，分为A，B两段进行处理（见图3-39）。

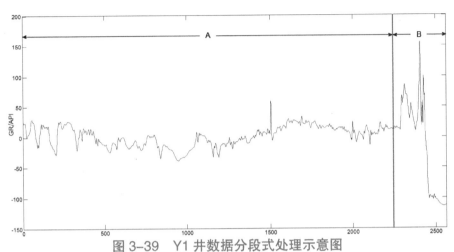

图 3-39　Y1 井数据分段式处理示意图

　　分别提取 A，B 两段的原始 GR 数据，进行一系列预处理后得到的数据处理结果比对如表 3-6 所示。由于数据过多，中间部分数据未做显示。

表 3-6　Y1 井 A，B 段 GR 数据预处理比对表

A 段深度 /m	原始_GR/API	小波消噪_GR	去趋势_GR	B 段深度 /m	原始_GR/API	小波消噪_GR	去趋势_GR
2209.975	93.018	92.4733	31.5462	2490.225	140.407	141.5292	−75.1422
2210.1	93.062	92.0525	31.0903	2490.35	139.795	141.8744	−74.2142
2210.225	92.673	91.5194	30.5221	2490.475	140.183	142.3021	−73.2038
2210.35	91.741	90.8605	29.8282	2490.6	141.098	142.7385	−72.1846
2210.475	90.849	90.2000	29.1325	2490.725	141.994	143.1926	−71.1477
2210.6	90.424	89.6551	28.5526	2490.85	143.021	143.6509	−70.1066
2210.725	90.292	89.3327	28.1951	2490.975	144.785	144.2629	−68.9119
2210.85	90.32	89.3527	28.1800	2491.1	147.257	145.1537	−67.4383
2210.975	90.401	89.6289	28.4211	2491.225	149.31	146.1458	−65.8634
2211.1	90.275	89.9722	28.7293	2491.35	149.971	147.0710	−64.3554
2211.225	90.057	90.3821	29.1041	2491.475	149.551	147.5787	−63.2649
2211.35	90.253	90.8355	29.5224	2491.6	148.825	147.3279	−62.9330
2211.475	90.893	91.1018	29.7535	2491.725	147.724	146.5583	−63.1198
2211.6	91.584	90.9864	29.6031	2491.85	146.179	145.5974	−63.4979
2211.725	91.81	90.2129	28.7945	2491.975	144.703	144.8200	−63.6926
2211.85	91.201	88.5004	27.0469	2492.1	143.874	144.6267	−63.3031
2211.975	88.92	86.0301	24.5415	2492.225	143.466	144.8812	−62.4658

A 段深度 /m	原始 _GR/API	小波消噪 _GR	去趋势 _GR	B 段深度 /m	原始 _GR/API	小波消噪 _GR	去趋势 _GR
2212.1	84.396	83.1369	21.6131	2492.35	145.3174	145.3174	−61.4469
2212.225	78.573	79.9719	18.4131	2492.475	143.702	145.7585	−60.4230
2212.35	73.447	76.7372	15.1433	2492.6	145.19	145.9946	−59.6041
2212.475	70.59	73.6684	12.0394	2492.725	147.11	146.0751	−58.9408
2212.6	69.486	70.9183	9.2541	2492.85	148.479	146.1267	−58.3065
2212.725	68.343	68.8061	7.1068	2492.975	148.551	146.1656	−57.6848
2212.85	66.573	67.6428	5.9085	2493.1	147.9	146.2304	−57.0372
……	……	……	……	……	……	……	……
2249.85	76.522	76.5739	4.4502	2527.725	24.648	25.5857	−16.2545
2487.85	143.171	142.6750	3.7228	2527.85	24.603	25.6259	−15.6316
2487.975	142.554	142.7926	3.8052	2527.975	25.318	25.6654	−15.0094
2488.1	141.752	142.9095	3.8870	2528.1	26.242	25.6776	−14.4144
2488.225	142.06	142.9886	3.9311	2528.225	26.892	25.6718	−13.8374
2488.35	143.226	143.0052	3.9126	2528.35	27.031	25.6698	−13.2566
2488.475	143.608	142.9809	3.8532	2528.475	26.757	25.6786	−12.6650
2488.6	143.163	142.9243	3.7614	2528.6	26.289	25.7068	−12.0541
2488.725	143.389	142.9299	3.7320	2528.725	25.763	25.7547	−11.4234
2488.85	144.926	143.0846	3.8516	2528.85	25.355	25.8177	−10.7776
2488.975	146.829	143.3141	4.0460	2528.975	25.507	25.8988	−10.1138
2489.1	147.443	143.5396	4.2364	2529.1	26.856	26.0006	−9.4292
2489.225	146.525	143.6121	4.2738	2529.225	28.719	26.1205	−8.7265
2489.35	144.771	143.3829	4.0095	2529.35	29.669	26.2559	−8.0083
2489.475	142.662	142.9525	3.5440	2529.475	28.96	26.4023	−7.2791
2489.6	140.792	142.4610	3.0174	2529.6	27.397	26.5544	−6.5443
2489.725	140.011	142.0609	2.5821	2529.725	26.313	26.7112	−5.8048
2489.85	140.578	141.9146	2.4008	2529.85	26.361	26.8724	−5.0607
2489.975	141.499	141.9633	2.4144	2529.975	27.205	27.0363	−4.3141
2490.1	141.39	142.0937	2.5097	2530.1	28.035	27.2012	−3.5664

3.4.3.2　一维连续小波分析

分别提取 A，B 两段的去趋势后的自然伽马数据，对其进行一维连续小波变换，其中 A 段地层的小波尺度最大值设定为 1024，B 段地层的小波尺度最大值设定为 128，步长设为最小值 1，选取 Morlet 小波运算，得到的处理结果如图 3-40 和图 3-41 所示。

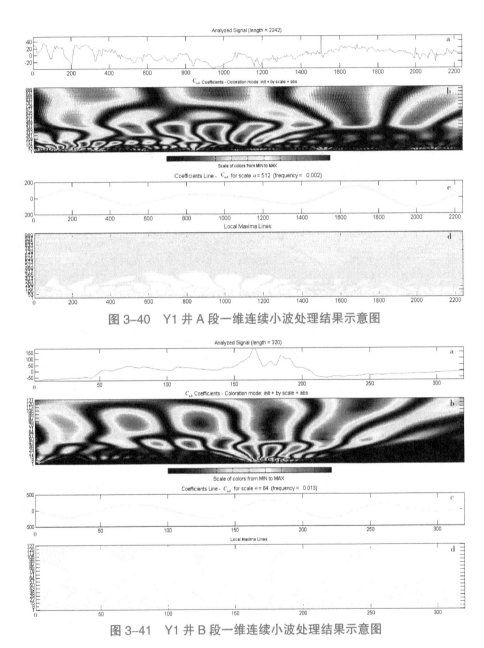

图 3-40　Y1 井 A 段一维连续小波处理结果示意图

图 3-41　Y1 井 B 段一维连续小波处理结果示意图

　　从 Y1 井 A，B 段的小波能谱图均可以看出很明显的周期现象。图中 a

为预处理后得到的 GR 数据绘制的曲线；b 为对 a 进行一维连续小波变换

后得到的小波能谱图，能谱图中亮色的能量环即代表一个周期，横坐标即对应着该周期所对应的小波尺度值，能量环的个数即代表了周期个数；c 为小波尺度在当前值下的小波系数曲线，通过该曲线的周期特征也可以直接获取当前尺度下的周期个数；d 为小波系数等值线图，与 b 图类似，纵坐标代表着不同的小波尺度。

　　接下来提取小波系数矩阵来寻找模极大值，进而选择恰当的小波尺度值来分析信号的周期组成，并以此为基础进行后面的研究工作。Y1 井 A 段地层数据为 1024 行 2242 列的一个数据矩阵，借助 Office Excel 中的公式编辑器来进行数据运算，计算这 1024 个尺度值下的模平均值，求得的结果以尺度值为横坐标，对应的模平均值为纵坐标，构建模平均值曲线。

　　对于小波模极值的判别，同样调用 MATLAB 2014a 中的 "findpeaks" 函数，极值位置用红色箭头标注。研究区内 Y1 井 A 段小波模极值结果如图 3-42 所示，一共识别出三处峰值，分别对应着小波尺度值为 22，88 和 528。

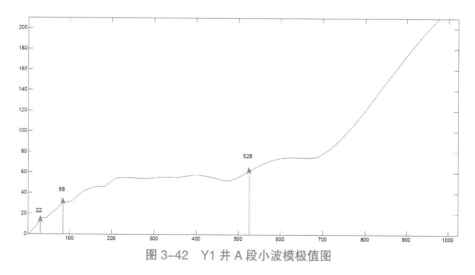

图 3-42　Y1 井 A 段小波模极值图

由之前的研究发现，比值 22 ∶ 88=1 ∶ 4 与天文轨道周期短偏心率周期 100 ka 与长偏心率周期 405 ka 的比值一致，且由研究区的沉积背景我们可以知道，研究区内目的层为同一时期背景下沉积的地层，理应具备相同的轨道周期，因此，我们可以初步认为该套地层保存有完整的天文轨道周期记录，且主要受控于偏心率长周期和短周期。至于 a=528 处的峰值，可以将其理解为超长偏心率周期 2.4 Ma，作为偏心率长周期的调谐周期。分别提取尺度值为 a=22，a=88 和 a=528 这三处的小波系数曲线，以此代表该分析层段的周期旋回曲线（见图 3–43），a=22 即代表偏心率短周期，a=88 代表偏心率长周期，a=528 为超长偏心率周期，从旋回周期曲线图中可以读出各旋回周期的个数，从而计算 A 段地层的沉积持续时间。

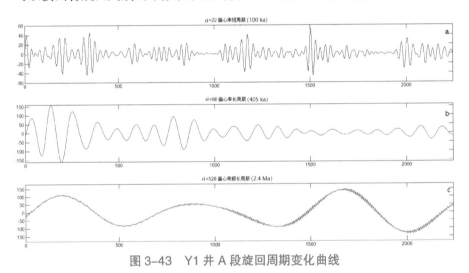

图 3–43　Y1 井 A 段旋回周期变化曲线

a 为短偏心率周期曲线 e（100 ka）；b 为长偏心率周期曲线 E（405 ka）；
c 为超长偏心率周期（2.4 Ma），作为长偏心率周期的调制周期

再对 Y1 井 B 段小波模极值进行识别计算，结果如图 3–44 所示，一共识别出两处峰值，分别为 86 和 21。由之前的研究发现，比值

21 ： 86=1 ： 4.1 与天文轨道周期偏心率短周期 100 ka 与偏心率长周期 405 ka 的比值近似一致，我们认为 B 段地层保存有完整的天文轨道周期记录，且主要受控于偏心率长、短周期。分别提取尺度值为 a=21 和 a=86 这两处的小波系数曲线，以此代表该分析层段的周期旋回曲线（见图 3-45），从旋回周期曲线图中可以读出各旋回周期的个数，从而计算 B 段地层的沉积持续时间。

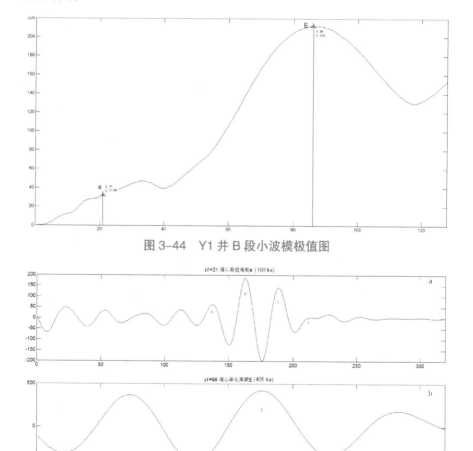

图 3-44　Y1 井 B 段小波模极值图

图 3-45　Y1 井 B 段旋回周期变化曲线

e 代表偏心率短周期，E 代表偏心率长周期，为 1 ：4 的比例关系

从以上数据处理结果得出以下结论：Y1 井 A，B 段均保存有较完好的天文轨道周期记录。其中，从 A 段的旋回周期变化曲线（见图 3-43）中识别到 a=22 代表的偏心率短周期具有旋回个数为 82 个，沉积持续时间为 8.2 Ma，a=88 代表的偏心率长周期具有旋回个数近 21 个，沉积持续时间大约为 8.51 Ma，而作为长偏心率的调制周期 a=528 具有近 3.5 个周期，以此计算得到的沉积持续时间大约为 8.4 Ma，由前文阐述可知其作为调制周期，并不把它计算在轨道周期内，也就不列入地层持续时间的计算范畴，因此研究层段 A（2209.975 ~ 2490.1 m）地层的平均沉积持续时间为 8.37 Ma，故计算得到该层段的沉积物平均堆积速率为 33.47 m/Ma；从 B（2490.1 ~ 2530.1 m）段的旋回周期变化曲线（见图 3-45）中识别到 a=21 代表的短偏心率周期具有旋回个数 12.5 个，沉积持续时间为 1.25 Ma，a=86 代表的偏心率长周期具有旋回个数 3 个，沉积持续时间为 1.22 Ma，因此研究层段 B 地层的平均沉积持续时间为 1.24 Ma，该段地层的沉积物平均堆积速率为 32.25 m/Ma。因此得出滇黔北探区 Y1 井 2209.975 ~ 2530.1 m 的地层大概经历了 9.61 Ma，平均沉积速率为 32.86 m/Ma。沉积速率的变化同样反映出从晚奥陶世时期向志留纪过渡时沉积环境的改变，也再一次证实了在 O-T 界线处出现过一次地质事件，这极有可能是地球轨道周期的变化所导致的。Y1 井 A，B 段的米兰科维奇旋回周期综合柱状图如图 3-46 和图 3-47 所示。

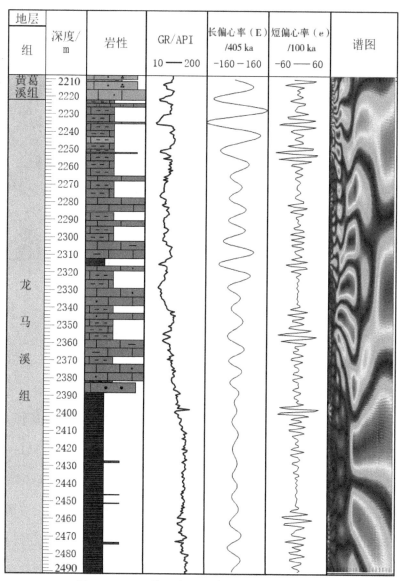

图 3-46　Y1 井 A 段地层米氏旋回综合柱状图

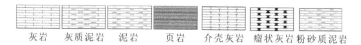

灰岩　灰质泥岩　泥岩　页岩　介壳灰岩　瘤状灰岩 粉砂质泥岩

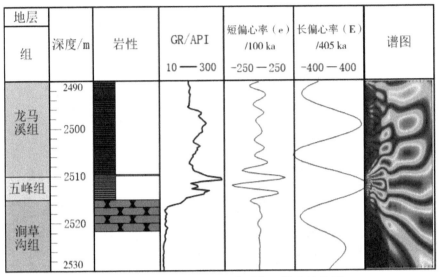

图 3-47　Y1 井 B 段地层米氏旋回综合柱状图

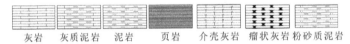

灰岩　灰质泥岩　泥岩　页岩　介壳灰岩　瘤状灰岩 粉砂质泥岩

　　从 Y1 井 A 段地层的综合柱状图中，我们看到，整个龙马溪组地层识别出保存完好的偏心率长、短周期，其中在龙马溪组上段地层中，得到偏心率长周期 13 个。从岩性柱中我们看到上段地层的岩性变化频繁，泥 / 砂质灰岩（粗粒）、灰质泥岩（细粒）互层，具有一定韵律性，以一套砂质灰岩沉积和一套灰质泥岩沉积为一个岩性旋回段，统计得到龙马溪上段地层具有 13 个岩性旋回段（见表 3-7），这与该段地层记录的偏心率长周期个数一致，每经历一个偏心率长周期便发育一套旋回地层，沉积持续时间大致为 405 ka。地层的岩性旋回段与我们所识别的轨道周期的这种耦合关系，再一次证实了我们所识别的偏心率周期的正确性，以及该识别方法的可靠性。同时，此识别结果与 Y2 井相同，证实了两口井的地层划分及周期识别的精确性。

表 3-7　Y1 井龙马溪组上段岩性旋回统计表

地层	顶深/m	底深/m	层厚/m	岩性	岩性旋回段序号	顶深/m	底深/m	层厚/m	岩性	岩性旋回段序号
龙马溪组上段	2222	2224	2	灰黑色灰质泥岩	1	2294	2302	8.4	灰黑色灰质泥岩	7
	2224	2226	2	灰黑色粉砂质灰岩		2302	2312	10	灰黑色泥质灰岩	
	2226	2235	8.5	灰黑色灰质泥岩	2	2312	2316	4	黑色泥岩	8
	2235	2236	1	灰黑色灰岩		2316	2319	2.8	灰黑色砂质灰岩	
	2236	2243	7.48	灰黑色灰质泥岩	3	2319	2329	10	灰黑色灰质泥岩	9
	2243	2247	3.5	灰色灰质泥岩		2329	2339	10	灰色砂质灰岩	
	2247	2250	3.5	灰黑色灰质泥岩	3	2339	2343	4	灰黑色灰质泥岩	10
	2250	2252	1.5	灰黑色灰质泥岩		2343	2347	3.8	灰黑色砂质灰岩	
	2252	2253	1	灰黑色灰质砂岩		2347	2358	11.4	灰黑色灰质泥岩	11
	2253	2253	12.7	灰黑色灰质泥岩	4	2358	2368	9.6	灰黑色泥质灰岩	
	2265	2268	2.8	灰黑色石灰岩		2368	2372	4.4	灰黑色灰质泥岩	12
	2268	2277	9.4	灰黑色灰质泥岩	5	2372	2382	9.32	灰黑色灰质泥岩	
	2277	2285	8	灰黑色石灰岩		2382	2383	0.98	灰黑色灰质泥岩	13
	2286	2290	4.6	灰黑色灰质泥岩	6	2383	2389	5.94	灰黑色灰质砂岩	
	2290	2294	3.4	灰黑色石灰岩						

3.4.4　Y3 井五峰 – 龙马溪组米氏旋回研究

3.4.4.1　GR 数据预处理

Y3 井五峰 – 龙马溪组（1028.5 ~ 1285 m）地层厚度为 256.5 m，运用相同的数据预处理方法，得到预处理前后的自然伽马曲线对比图（见图 3-48）。图 3-48 中 a 图为 Y3 井五峰组至龙马溪组原始自然伽马曲线；b 图为经过去趋势化处理后的曲线形态，从图中可以看出，横坐标数据点个数及位置没有变化，但是纵坐标 GR 数值发生较大变化（整体向下平移），消除了原始曲线整体上浮的趋势，但与前两口井略有不同，在前 2000 个数据点之后，不仅存在一个极大峰值，还存在一个极低的谷值，所以在处理该井井段时，要注意尽量保留谷值处的信息，也就是说在做降噪处理时要设计好滤波器的低通频段，预留较宽的带宽，同时满足高能低频信号，也要使得高频低能信号不被剔除；图 3-48 中 c 为进行预白化及消噪处理后的曲线形态，由于 Y3 井目的层较之前两口井厚，所以在数据提取时，加大了数据量采集以识别到周期信息，仅从曲线整体形态看不出有什么改变，但是若放大横坐标观察，会发现原始曲线中的很多"毛刺"被消除了，变得平滑了许多；d 为原始曲线与经过预处理后的曲线在同一坐标体系里的对比图。由 Y3 井的预处理结果及上两口井的处理经验我们得知，Y3 井依旧需要采取分段处理的方式进行米兰科维奇旋回识别研究，分为 A，B 两段进行处理，示意图见图 3-49。

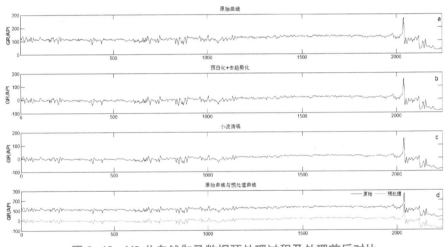

图 3-48　Y3 井自然伽马数据预处理过程及处理前后对比

a 为预处理前的 GR 数据曲线；b 为经过去趋势化后得到的数据曲线，处理程序见正文；
c 为对去趋势后的曲线进行一维小波降噪程序得到的数据曲线；
d 为经过预处理后的最终曲线形态与原始 GR 曲线的同图层对比图

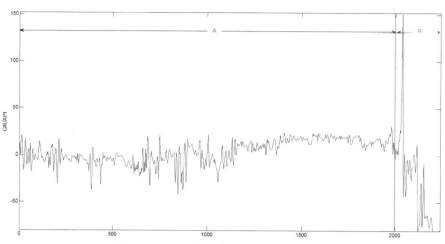

图 3-49　Y3 井目的层分段处理示意图

分别提取 A，B 两段的原始 GR 数据，进行一系列预处理后得到的数据处理结果比对如表 3-8 所示。由于数据过多，中间部分数据未做显示。

表 3-8　Y3 井 A，B 段 GR 数据预处理比对表

A 段深度 /m	原始 _GR/API	小波消噪 _GR	去趋势 _GR	B 段深度 /m	原始 _GR/API	小波消噪 _GR	去趋势 _GR
1020	133.166	130.015	24.422	1270	113.776	115.338	−28.415
1020.1	130.562	127.802	22.196	1270.125	118.088	116.782	−26.453
1020.3	126.868	124.841	19.221	1270.25	120.735	118.801	−23.914
1020.4	121.537	121.627	15.993	1270.375	121.672	119.163	−23.033
1020.5	115.715	118.747	13.100	1270.5	121.82	118.667	−23.010
1020.6	112.062	115.638	9.977	1270.625	120.933	119.023	−22.135
1020.8	113.454	114.953	9.279	1270.75	118.259	119.538	−21.101
1020.9	120.998	120.195	14.506	1270.875	115.457	118.712	−21.408
1021	130.817	127.963	22.261	1271	114.757	117.899	−21.702
1021.1	137.986	133.511	27.795	1271.125	117.152	119.154	−19.928
1021.3	139.882	136.474	30.745	1271.25	120.449	120.667	−17.895
1021.4	138.191	137.084	31.341	1271.375	121.902	120.201	−17.842
1021.5	136.17	135.664	29.908	1271.5	119.631	118.383	−19.142
1021.6	134.749	133.144	27.373	1271.625	115.535	116.146	−20.859
1021.8	132.629	130.000	24.216	1271.75	112.134	114.865	−21.621
1021.9	128.579	126.448	20.651	1271.875	111.818	115.825	−20.142
1022	123.219	122.721	16.910	1272	115.078	118.965	−16.483
1022.1	117.962	119.162	13.337	1272.125	121.644	124.038	−10.890
……	……	……	……	……	……	……	……

续表

A 段深度 /m	原始 _GR/API	小波消噪 _GR	去趋势 _GR	B 段深度 /m	原始 _GR/API	小波消噪 _GR	去趋势 _GR
1266.8	−18.839	−32.544	170.988	1296.375	18.389	22.763	−11.458
1266.9	−7.915	−20.670	158.848	1296.5	19.338	23.351	−10.351
1267.0	3.009	−8.796	146.708	1296.625	20.287	23.939	−9.244
1267.1	13.933	3.078	134.567	1296.75	21.236	24.526	−8.137
1267.1	24.857	14.952	122.427	1296.875	22.185	25.114	−7.030
1267.2	35.781	26.826	110.287	1297	23.134	25.702	−5.924
1267.3	46.705	38.700	98.147	1297.125	24.083	26.290	−4.817
1267.4	57.629	50.574	86.007	1297.25	25.032	26.878	−3.710
1267.4	68.553	62.448	73.867	1297.375	25.981	27.465	−2.603
1267.5	79.477	74.322	61.727	1297.5	26.93	28.053	−1.496
1267.6	90.401	86.196	49.587	1297.625	27.879	28.641	−0.389
1267.7	101.325	98.070	37.447	1297.75	28.828	29.229	0.718
1267.8	123.173	121.818	13.167	1298	30.726	30.404	2.931
1267.9	134.097	133.692	1.027	1298.125	31.675	30.992	4.038
1268	125.606	127.234	−5.445	1298.25	31.751	31.556	5.122
1268.1	119.648	120.865	−11.827	1298.375	31.336	31.985	6.070
1268.3	117.717	116.816	−15.890	1298.5	31.134	32.334	6.937
1268.4	118.355	117.372	−15.348	1298.625	31.318	32.665	7.788
1268.5	119.718	121.018	−11.715	1298.75	31.756	33.067	8.709
1268.6	122.486	125.501	−7.245	1298.875	32.984	33.643	9.804
1268.8	126.676	129.011	−3.750	1299	34.888	34.278	10.958
1268.9	130.087	129.611	−3.163	1299.125	36.232	34.806	12.005
1269	130.176	127.579	−5.209	1299.25	36.187	35.184	12.902
1269.1	126.833	124.179	−8.623	1299.375	35.603	35.337	13.574
1269.3	121.212	120.013	−12.802	1299.5	35.374	35.268	14.024
1269.4	114.538	115.518	−17.311	1299.625	35.561	35.072	14.348
1269.5	109.058	111.893	−20.949	1299.75	35.072	34.579	14.373
1269.6	106.275	110.311	−22.545	1299.875	33.307	33.653	13.967
1269.8	106.633	109.893	−22.977	1300	30.872	32.528	13.361
1269.9	109.344	109.748	−23.135	1300.125	28.988	31.419	12.771

3.4.4.2 一维连续小波分析

提取 A 段的去趋势后的自然伽马数据，对其进行一维连续小波变换，其中 A 段地层的小波尺度最大值设定为 512，步长设为最小值 1，选取 Morlet 小波运算，得到 A 段地层的数据处理结果如图 3-50 所示。

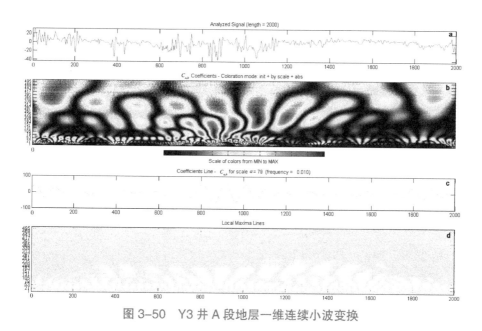

图 3-50　Y3 井 A 段地层一维连续小波变换

图 3-50 中 a 为预处理后得到的 GR 数据绘制的曲线；b 为对 a 进行一维连续小波变换后得到的小波能谱图，能谱图中亮色的能量环即代表一个周期，横坐标即对应着该周期所对应的小波尺度值，能量环的个数即代表了周期个数；c 为小波尺度在当前值下的小波系数曲线，通过该曲线的周期特征也可以直接获取当前尺度下的周期个数；d 为小波系数等值线图，与 b 图类似，纵坐标代表着不同的小波尺度。

接下来提取小波系数矩阵来寻找模极大值，进而选择恰当的小波尺度值来分析信号的周期组成，并以此为基础进行后面的研究工作。Y3 井 A 段地层数据为 512 行 2000 列的一个数据矩阵，需要分别计算每一尺度值下的小波系数的模平均值，借助 Office Excel 中的求和函数以及绝对值函数 y=（SUM（ABS（1 ∶ n）））/n 来进行数据运算，计算这 512 个尺度值下的模平均值，求得的结果以尺度值为横坐标，对应的模平均值为纵坐标，构建模平均值曲线。

对于小波模极值的判别，同样调用MATLAB 2014a中的"findpeaks"函数，调用格式为[pks，locs]=findpeaks（data），极值位置用红色箭头标注。研究区内Y3井A段小波模极值结果如图3-51所示，一共识别出两处峰值，分别对应着小波尺度值为20，78。

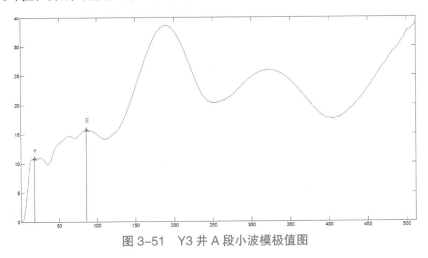

图3-51　Y3井A段小波模极值图

e代表短偏心率周期；E代表长偏心率周期

由之前的研究发现，比值20 : 78=1 : 3.9与天文轨道周期短偏心率周期100 ka与长偏心率周期405 ka的比值一致，因此我们初步认为该套地层保存有完整的天文轨道周期记录，且主要受控于偏心率长、短周期。分别提取尺度值为$a=20$，$a=78$这两处的小波系数曲线，以此代表该分析层段的周期旋回曲线（见图3-52），从旋回周期曲线图中可以读出各旋回周期的个数，从而计算A段地层的沉积持续时间。

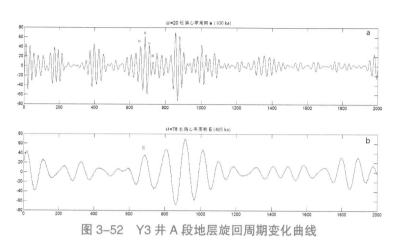

图 3-52　Y3 井 A 段地层旋回周期变化曲线

周期旋回变化曲线图中：$a=20$ 的曲线代表短偏心率旋回周期曲线，用"e"表示，读取周期个数大致为 89 个；$a=78$ 的曲线代表长偏心率旋回周期曲线，用"E"表示，读取周期个数大致为 21.5 个。对 B 段地层进行一维连续小波变换，软件处理结果如图 3-53 所示。

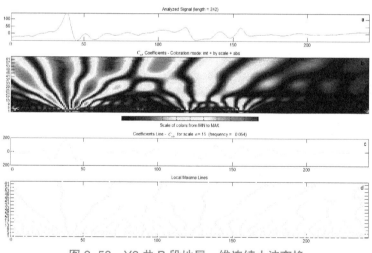

图 3-53　Y3 井 B 段地层一维连续小波变换

B 段地层由于地层厚度小，采样数据点个数有限。针对 242 个数据点的一维连续小波变换，勉强能够看出其中记录的旋回周期变化。提取小波系数矩阵后，求取各尺度小波得到的小波模极值曲线如图 3-54 所示。

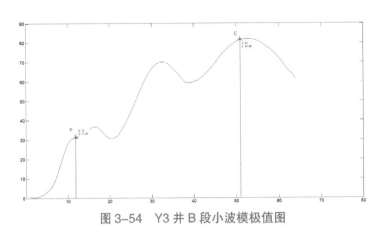

图 3-54　Y3 井 B 段小波模极值图

e 代表短偏心率周期；E 代表长偏心率周期

　　一共识别出两处极值点，分别为 a=12 和 a=51。由之前的研究发现，比值 12：51=1：4.3 与天文轨道周期短偏心率周期 100 ka 与长偏心率周期 405 ka 的比值近似一致，初步认为该套地层保存有完整的天文轨道周期记录，且主要受控于偏心率长、短周期。分别提取尺度值为 a=12，a=51 这两处的小波系数曲线，以此代表该分析层段的周期旋回曲线（见图3-55），从旋回周期曲线图中可以读出各旋回周期的个数，从而计算 B 段地层的沉积持续时间。

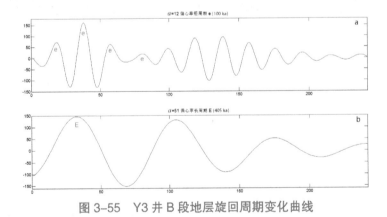

图 3-55　Y3 井 B 段地层旋回周期变化曲线

e 代表偏心率短周期；E 代表偏心率长周期；为 1：4 的比例关系

周期旋回变化曲线图中：a=12 的曲线代表短偏心率旋回周期曲线，用"e"表示，读取周期个数大致为 12 个；a=51 的曲线代表长偏心率旋回周期曲线，用"E"表示，读取周期个数大致为 3 个。

从以上数据处理结果得出以下结论：Y3 井 A，B 段均保存有较完好的天文轨道周期记录。其中，从 A 段的旋回周期变化曲线（见图 3–52）中识别到 a=20 代表的偏心率短周期具有旋回个数为 89 个，沉积持续时间为 8.9 Ma，a=78 代表的偏心率长周期具有旋回个数近 21.5 个，沉积持续时间大约为 8.71 Ma，因此研究层段 A（1020～1270 m）地层的平均沉积持续时间为 8.8 Ma，故计算得到该层段的沉积物平均堆积速率为 28.41 m/Ma；从 B（1270～1300 m）段的旋回周期变化曲线（见图 3–55）中识别到 a=12 代表的短偏心率周期具有旋回个数 12 个，沉积持续时间为 1.2 Ma，a=51 代表的偏心率长周期具有旋回个数 3 个，沉积持续时间为 1.22 Ma，因此研究层段 B 地层的平均沉积持续时间为 1.21 Ma，该段地层的沉积物平均堆积速率为 24.79 m/Ma。因此得出滇黔北探区 Y3 井 1020～1300 m 的地层大概经历了 9.92 Ma，平均沉积速率为 26.6 m/Ma。以上 3 口井的沉积速率的变化都反映出了从晚奥陶世时期向志留纪过渡时沉积环境的改变，正是由于 O–T 界线处出现过一次全球地质事件（气候变化），即地球轨道参数周期的变化所导致的。Y3 井 A，B 段的旋回周期综合柱状图如图 3–56 和图 3–57 所示。

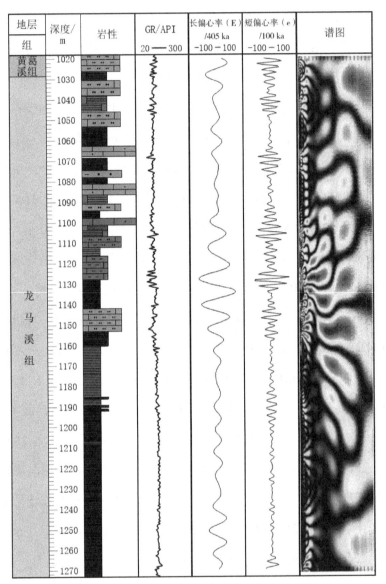

图 3-56　Y3 井 A 段地层米氏旋回综合柱状图

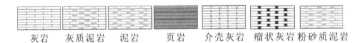

灰岩　　灰质泥岩　　泥岩　　页岩　　介壳灰岩　　瘤状灰岩 粉砂质泥岩

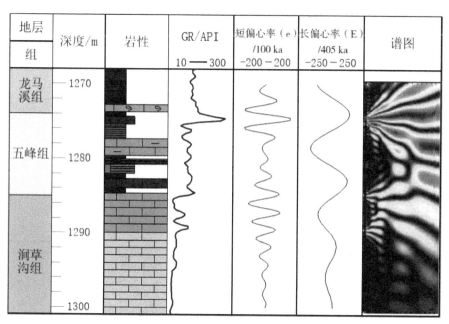

图 3-57　Y3 井 B 段地层米氏旋回综合柱状图

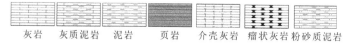

灰岩　　灰质泥岩　　泥岩　　　页岩　　介壳灰岩　瘤状灰岩 粉砂质泥岩

　　从 Y3 井 A 段地层的综合柱状图中，我们看到，整个龙马溪组地层识别出保存完好的偏心率长、短周期，其中在龙马溪组上段地层中，得到偏心率长周期近 11 个。从岩性柱中我们看到上段地层的岩性变化频繁，且岩性变化较 Y1 井、Y2 井复杂，粗粒与细粒沉积物互层，具有一定韵律性，以颗粒大小作为区分，以一套粗颗粒岩沉积和一套细颗粒泥岩沉积为一个岩性旋回段，统计得到龙马溪上段地层也近似具有 10 个岩性旋回段（见表 3-9）。这与该段地层记录的偏心率长周期个数一致，每经历一个偏心率长周期便发育一套旋回地层，每套沉积持续时间大致为 405 ka，再一次验证了地层的岩性旋回段与我们所识别的轨道周期的这种耦合关系。此识别结果与 Y1 井和 Y2 井近似相同，只相差了一个旋回段，最终证实了研究区的地层划分及周期识别的精确性。在针对老地层的米兰科维奇旋回研究中，应用此方法得到了较好的效果。

表 3-9　Y3 井龙马溪组上段岩性旋回统计表

地层	顶深 /m	底深 /m	层厚 /m	岩性	岩性旋回序号
龙马溪组上段	1026	1030.3	4.3	黑灰色灰质页岩	1
	1030.6	1037.9	7.3	深灰色灰质粉砂岩	
	1038.2	1045.5	7.3	灰黑色灰质页岩	2
	1045.8	1052.9	7.1	深灰色灰质粉砂岩	
	1052.9	1062.2	9.3	黑灰色灰质页岩	3
	1062.5	1067.6	5.1	深灰色砂灰岩	
	1068.3	1074.3	6	黑灰色灰质页岩	4
	1074.6	1077.8	3.2	灰色泥质砂岩	
	1078.2	1081.2	3	黑灰色灰质页岩	5
	1081.2	1086.2	5	深灰色砂灰岩	
	1086.2	1090.5	4.3	灰黑色灰质页岩	6
	1090.8	1094	3.2	深灰色灰质粉砂岩	
	1094	1097.6	3.6	黑灰色页岩	7
	1097.6	1101.1	3.5	灰黑色砂灰岩	
	1101.1	1106.8	5.7	灰黑色灰质页岩	8
	1106.8	1112.1	5.3	灰黑色灰质粉砂岩	
	1112.1	1115.9	3.8	灰黑色页岩	9
	1116.3	1127.6	11.3	灰黑色灰质泥岩	
	1127.7	1141.9	14.2	黑灰色页岩	10
	1141.9	1153	11.1	深灰色灰质粉砂岩	
	1153	1160	7	黑灰色砂质页岩	

总体来说，研究区内 Y1，Y2 和 Y3 井目的层段在地层岩性分布及周期曲线变化趋势上表现出一致的规律性。由研究区内五峰 - 龙马溪组米兰科维奇周期横向对比图（见图 3-58）可以看出，在龙马溪上段地层，岩性变动较频繁，呈现细粒沉积和粗粒沉积的不等厚互层，岩性旋回个数与偏心率长周期存在较好的耦合关系，且所识别的旋回个数 3 口井近似相同。

3 口井中，Y1 井目的层段地层最厚，Y2 井最薄，但从旋回识别结果可以看出，地层厚度的差异并没有对周期识别的精度和准度造成影响。由此也证实了我们计算所得的沉积物平均堆积速率的准确性：Y1 井堆积速率最大，为 32.86 m/Ma；Y2 井平均堆积速率最小，为 25.28 m/Ma；Y3 井介于 Y1，Y2 两井之间，为 26.6 m/Ma。

岩性的频繁变化程度也与偏心率振幅间存在较明显的对应关系，在龙马溪组上段地层与下段地层间存在不同变化特征，整体上来看，上段地层的偏心率长周期振幅在岩性变化处呈现出强振幅，而在下段的大段泥页岩层段，偏心率振幅趋于平缓，这种变化在龙马溪组与五峰组的交界处表现最为强烈。偏心率的长、短周期和斜率周期变化曲线都在界线处波动强度最大，这一变化也正好与该时期发生的地质事件相对应。通过前人研究成果我们得知在奥陶纪末期曾发生了一次大冰期事件，记录为赫南特冰期事件（Chen et al.，2006），在地质年代上正好对应着凯迪阶五峰组上部的观音桥层，气候的强烈波动正好与周期曲线在此处的振幅变动相呼应。且由偏心率变化曲线可知，在观音桥层处，偏心率表现为高值，由之前的研究可知，偏心率越大，四季变化越明显，地球表面接收的太阳辐射能越低，越利于冰川形成，偏心率的周期变化也证实了此次冰期事件。因此，我们可以这样认为，轨道周期的变化驱动了气候变化，影响了沉积环境，表现在地层沉积记录上的岩性变化特征上。

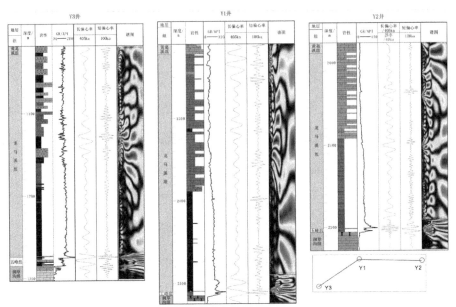

图 3-58　研究区五峰组 – 龙马溪组米氏周期横向对比图

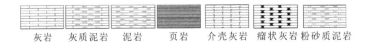

灰岩　灰质泥岩　泥岩　页岩　介壳灰岩　瘤状灰岩 粉砂质泥岩

3.5　小结

天文旋回理论的提出，为旋回地层学研究提供了一种新的途径，三个地球轨道参数共同作用，影响着气候及地表沉积系统的变化，本章主要从识别长偏心率周期的存在来开展旋回地层研究。通过岁差、地轴斜率、短偏心率和长偏心率周期间特有的时间比例来识别地层中的米兰科维奇旋回，并依据这种周期比例关系，构建一个具有相同比例关系的正弦周期函数来代表这种具有米氏周期的信号。研究发现，一维连续小波变换能谱图中能量环的个数即代表周期的个数，与数据序列长度相关。当序列长度逐渐变大，连续小波分析后的能谱图对周期的反映也随之变得更好，而且信号中的周期也更加容易识别，周期个数也增多。也就是说，只要对所分析的数据序列信号曲线设计采样频率符合采样定理的要求时，不管序列变长或变短，相同尺度小波值下周期特征相同，并且，随着采样间距的减小，内部周期所对应的小波尺度值也在相应增大，小波变换则需要取更大的小波尺度最大值才能够分析到信号内所有的周期，随着采样密度的增大，对周期的刻画也越来越清晰。

研究层段五峰组－龙马溪组为一套含笔石的暗色泥页岩地层，岩性在纵向上具有一定的渐变性，根据岩石、生物组合以及测井曲线特征，将五峰组－龙马溪组地层划分为五峰组、龙马溪组下段、龙马溪组上段，分别对 Y1 井、Y2 井及 Y3 井进行米氏旋回研究得出以下结论。Y2 井 A，B 段均保存有较完好的天文轨道周期记录，识别出长、短偏心率旋回92个、14个，1969.25 ~ 2225.125 m 的地层沉积持续时间大概为 10.12 Ma，沉积物平均堆积速率为 25.28 m/Ma。沉积速率的变化也反映出从晚奥陶世时期向志留纪过渡时沉积环境的改变，而且大幅度的堆积速率变化也说明在 O–T 界线附近处出现过一次地质事件，这极有可能是地球轨道周期的变化所导致的。Y1 井 A 段识别出偏心率长、短周期22个、82个，B 段为 3 个和 12.5 个，2209.975 ~ 2530.1 m 的地层大概经历了 9.61 Ma，沉积物平均堆积速率为 32.86 m/Ma。沉积速率的变化同样反映出从晚奥陶世时期向志留纪过渡时沉积环境的改变，也再一次证实了在 O–T 界线处出现过一次地质事件（冰期事件），这极有可能是地球轨道周期的变化所导致的。Y3 井 A，B 段均保存有较完好的天文轨道周期记录，1020 ~ 1300 m 的地层大概经历了 9.92 Ma，沉积物平均堆积速率为 26.6 m/Ma。以上 3 口井的沉积速率的变化都反映出了从晚奥陶世时期向志留纪过渡时沉积环境的改变，正是由于 O–T

界线处出现过一次全球地质事件（气候变化），即地球轨道参数周期的变化所导致的。本次分析处理的 3 口井中，每口井龙马溪组上段以岩性或沉积物颗粒大小进行岩性旋回划分后，得到的旋回个数均对等于该层段所识别的偏心率轨道周期个数，证实了本次研究手段的适用性及精确性。并且这 3 口井分布在整个研究区三个边界处，相距甚远，但由识别出的米氏周期得到的地层持续时间却是近似的，与最新的国际地质年代表所计算的时间也近似一致，再次证实了该方法的正确性，以及米氏周期的区域和全球可对比性。

第 4 章　轨道周期控制下的
生物化石地层延限

4.1　晚奥陶世 – 早志留世生物地层系统

本书研究层段五峰组 – 龙马溪组地层处于晚奥陶世 – 早志留世时期，该时期研究区所属的扬子板块正处于加里东构造中期，尽管这一时期并未出现大的构造变动，但滇黔北探区南部在此时期持续震荡隆升（戎嘉余 等，2011），致使研究区内谷地貌发生重大改变，奥陶纪末期发生的全球性海退事件以及随后发生的因气候变暖发生冰川消融而导致的又一次全球海侵事件等，都对中上扬子板块的晚奥陶世 – 早志留世时期的古地理格局有着深远影响，并且直接表现在区域古生物类型的演变及其地层间的接触关系上。具体表现在研究层段五峰组 – 龙马溪组地层的接触关系由于古地理格局的变迁和海平面升降因素而使得地层交界处的接触关系因为区域的差异而不同，大致分为两种：一是，龙马溪组底部的黑色页岩层与五峰组顶部的观音桥段灰岩层呈上下整合接触；二是，龙马溪组与其下部的五峰组呈不整合或假整合接触，并且甚至与临湘组地层也呈不整合或假整合接触关系。本书研究区属于第一种情况，在后续的生物地层划分中也会从生物带的研究中证实此观点（伍坤宇，2015）。

随着非常规油气勘探的发展，有关晚奥陶世的五峰组地层与早志留世的龙马溪组地层的研究越来越受到科技人员及石油工作者们的广泛关注。该段层位含气量大，但是地层厚度较小。笔石是该段地层中最常见的一种生物化石，因其分布广泛，是地层的划分及对比工作中的关键证据，本节以探区内 Y2 井取芯段的笔石化石为基础来进行研究工作。前人在该层位开展过类似的研究工作，陈旭等人在 2000 年就以笔石生物为基础建立了华南晚奥陶世 – 早志留世时期的生物地层系统（Chen et al., 2000），将凯迪阶、赫南特阶和鲁丹阶中 – 下部划分为了 6 个连续的笔石生物带（见图 4-1），自上而下分别为 *Parakidograptus acuminatus* Zone、*Akidograptus ascensus* Zone、*Normalograptus persculptus* Zone、*Normalograptus extraordinarius–Normalograptus ojsuensis* Zone、*Paraothograptus pacificus* Zone、*Dicellograptus complexus* Zone。这 6 个笔石带与龙马溪组下段、五峰组（包括顶部的观音桥层）这两个岩石地层单位对应，其中五峰组包括了 *Normalograptus extraordinarius–Normalograptus ojsuensis* Zone、*Paraothograptus pacificus* Zone、*Dicellograptus complexus* Zone 三个笔石带，不具有穿时性，龙马溪组下段包括 *Parakidograptus acuminatus* Zone、*Akidograptus ascensus* Zone、*Normalograptus persculptus* Zone 三个笔石带，以观音桥层介壳灰岩的出现为标志，作为龙马溪组和五峰组的分界。此后，陈旭等人又从资源地层学的角度出发，针对该套含笔石层段做了进一步的调查研究，综合运用地层学及古生物学知识，在笔石带的识别、划分研究基础上，将五峰组和龙马溪组地层进一步细分（见图 4-2），其中五峰组自下而上分为 WF1，WF2，WF3 和 WF4，龙马溪组自下而上分为 LM1，LM2，LM3，LM4，LM5，LM6，LM7，LM8，LM9，笔石带序列年龄值（底界年龄）为国际地层委员会公布的地质年代表上的同位素年龄值。

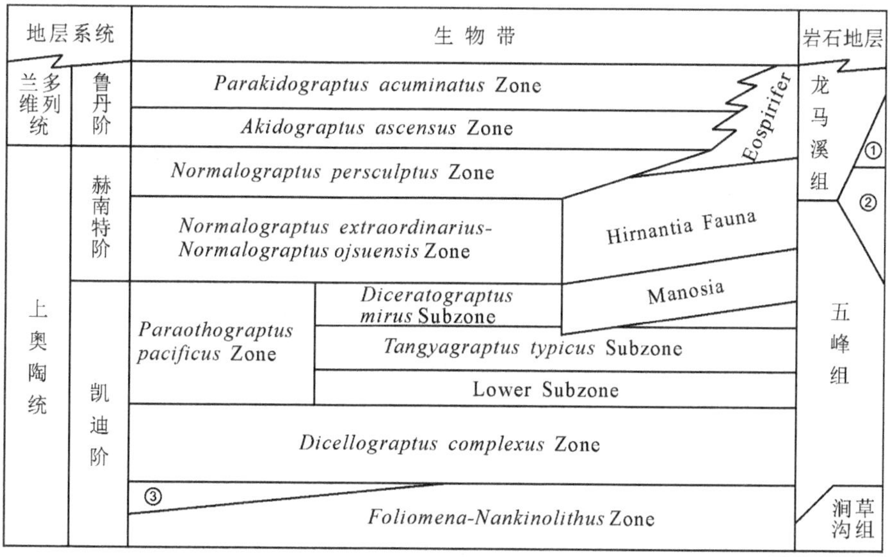

图 4-1　上奥陶统 - 兰多维列统笔石带划分（据 Chen et al.，2000）

① 五里坡层；② 观音桥层；③ *Dicellograptus complanatus* Zone

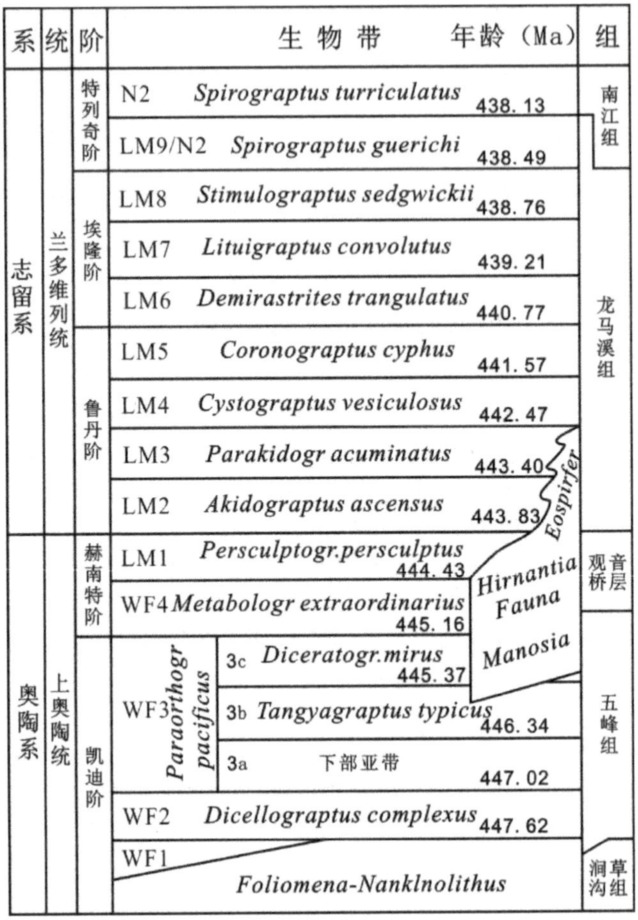

系	统	阶	生物带 年龄（Ma）		组
志留系	兰多维列统	特列奇阶	N2 *Spirograptus turriculatus* 438.13		南江组
			LM9/N2 *Spirograptus guerichi* 438.49		
		埃隆阶	LM8 *Stimulograptus sedgwickii* 438.76		龙马溪组
			LM7 *Lituigraptus convolutus* 439.21		
			LM6 *Demirastrites trangulatus* 440.77		
			LM5 *Coronograptus cyphus* 441.57		
		鲁丹阶	LM4 *Cystograptus vesiculosus* 442.47		
			LM3 *Parakidogr acuminatus* 443.40	*Eospirfer*	
			LM2 *Akidograptus ascensus* 443.83		
奥陶系	上奥陶统	赫南特阶	LM1 *Persculptogr.persculptus* 444.43	*Hirnantia Fauna*	观音桥层
			WF4 *Metabologr extraordinarius* 445.16		
		凯迪阶	*Paraorthogr pacificus* / 3c *Diceratogr.mirus* 445.37	*Manosia*	五峰组
			WF3 / 3b *Tangyagraptus typicus* 446.34		
			3a 下部亚带 447.02		
			WF2 *Dicellograptus complexus* 447.62		
			WF1 *Foliomena-Nanklnolithus*		涧草沟组

图 4-2　扬子地区五峰－龙马溪组笔石带划分图

图中同位素年龄值代表各笔石带底界年龄

　　地质学家发现在奥陶纪之前就有笔石化石的存在，大致在寒武纪中期出现了地史时期最早的一批笔石生物，主要以底栖的树形笔石类为主，繁衍缓慢，到了奥陶纪，笔石类型发生了较大改变，由底栖的树笔石变为以漂浮生活的正笔石类为主，并且繁衍加快，种属演变开始加快，尤其是在奥陶纪与志留纪之交，由于生物灭绝事件和之后发生的生物大复苏，加快了笔石动物群繁衍的进程。

4.2　生物种属的识别与描述

为了建立精确的生物地层系统，并试图建立有机碳含量与生物种属类别及数量之间的关系，本节以滇黔北探区内 Y2 井岩芯样品中的笔石化石为基础研究资料，进行笔石化石种属的识别，并对各属类简要描述。笔石的鉴定主要参照穆恩之编写的《中国笔石》一书（穆恩之 等，2002）以及之前的团队科研成果。对各种属简要描述如下（据伍坤宇，2015 修改）。

（1）尖笔石属（*Akidograptus*）

从岩芯中鉴定出其 2 个种别：①向上尖笔石（*Akidograptus ascensus*，见图 4-3a），笔石体细小，始端尖削，胞管为栅笔石式，膝上腹缘直，口缘平直，产自 *Akidograptus ascensus* 带；②长形尖笔石（*Akidograptus longus*，见图 4-3b），胎管呈长锥状，胞管为细长状，中轴在笔石体末部开始分叉加粗，其产出层位与向上尖笔石一致。

（2）原始笔石属（*Atavograptus*）

可从岩芯中鉴定出其 2 个种别：①原始原始笔石（*Atavograptus atavus*，见图 4-3c），笔石体直，细长，最长标本保存长度可达 50 ~ 76 mm，宽度变化不大，胞管长 1.5 ~ 2.5 mm，口部宽 0.2 ~ 0.5 mm，倾角小。②初发原始笔石（*Atavograptus primitivus*，见图 4-3d），宽度均一，胎管腹缘近直，口缘外斜，基部凹入，口缘平。

（3）布氏笔石属（*Bulmanograptus*）

可从岩芯中鉴定出其 1 个种别：紧密布氏笔石斯氏亚种（*Bulmanograptus confertus swanstoni*，见图 4-3e），笔石体长 15 mm 以上，单列部分稍微弯曲，胞管为直管状，腹缘直，口缘平。

（4）头笔石属（*Cephalograptus*）

可从岩芯中鉴定出其1个种别：管状头笔石（*Cephalograptus tubulariformis*，见图4-3f），笔石体始端尖削，胎管刺向下垂伸，最初胞管长约5.0 mm，其余胞管长度可能大于5 mm，相邻胞管大部掩盖，中轴近直，伸出体外0.5 mm以上。

（5）栅笔石属（*Climacograptus*）

可从岩芯中鉴定出其6个种别：①尖细栅笔石（*Climacograptus acuminis*，见图4-3g），笔石体始端尖削，长17～18.5 mm，胞管口部向上逐渐增宽，胞管膝上腹缘直，平行于轴向或微微外斜。②优美栅笔石（*Climacograptus bellulus*，见图4-3h），始端浑圆，具有两个明显对称的底刺，胞管腹缘直，口缘平，口穴宽阔，中轴细，伸出末端外。③线形栅笔石（*Climacograptus linearis*，见图4-3i），笔石体长5.5～8.0 mm，胎管刺纤细，胞管为标准栅笔石式，中轴纤细，伸出末端外。④不显栅笔石（*Climacograptus miserabilis*，见图4-3j），笔石体宽度为0.5～0.7 mm，向上宽度迅速增宽，在中部或中下部达最大宽度，胞管口缘平直，口穴呈半圆形至椭圆形，中轴直而纤细，伸出末端外。⑤南京栅笔石（*Climacograptus najingensis*，见图4-3k），笔石体长7～15.5 mm，始端尖削，向上逐渐增宽，最大宽度在末部，中轴细而直，伸出末端之外1.5～3 mm。⑥轴膜栅笔石（*Climacograptus vesicicaulis*，见图4-3l），笔石体长28～30 mm，始端圆形，向上迅速增至最大宽度，但在最末端宽度略有收缩，胎管刺粗壮，向下垂伸，中轴直且膨胀。

（6）双笔石属（*Diplograptus*）

可从岩芯中鉴定出其 3 个种别：①相对双笔石（*Diplograptus adversus*，见图 4-3m），笔石体长约 17 mm，胎管刺细小，始部四对胞管为栅笔石式，其余胞管为雕笔石式，中轴稍粗壮，伸出末端之外。②适度双笔石细小亚种（比较亚种）（*Diplograptus modestus cf.tenuis*，见图 4-3n），笔石体胎管顶部为始部胞管掩盖，口缘平凹，胎管刺粗壮向下，从第六对或是第七对开始逐渐变成雕笔石式，中轴劲直。③扭胞双笔石（*Diplograptus tortithecatus*，见图 4-3o），笔石体长 40 ~ 50 mm，向上迅速从始部的 0.4 ~ 0.5 mm 增至 2 mm，胎管刺发育，劲直向下。

（7）两形笔石属（*Dimorphograptus*）

可从岩芯中鉴定出其 1 个种别：直立两形笔石（*Dimorphograptus erectus*，见图 4-3p），笔石体长 8 ~ 17 mm，单列部分由 3 ~ 4 个胞管组成，双列部分最宽为 1.5 ~ 1.6 mm，胞管腹缘圆滑弯曲，微向外凸，口缘与轴向垂直相交。

（8）雕笔石属（*Glyptograptus*）

可从岩芯中鉴定出其 8 个种别：①异常雕笔石（*Glyptograptus aberrans*，见图 4-3q），笔石体呈矛状，长 30 mm，始端宽 1.3 mm，向上迅速增宽直 3 mm，此宽度保持至中部，其后又逐渐收缩，胞管腹缘近直，向外斜，口尖清楚。②刺柄雕笔石（*Glyptograptus acanthopodus*，见图 4-3r），笔石体宽而长，始端稍窄，呈半圆形，胎管呈锥状，口缘平直，胎管刺劲直，胎管呈针状，向下变粗，末端呈棒状刺囊，向下垂伸达 6 ~ 8 mm，胞管呈微波状弯曲。③具刺雕笔石（*Glyptograptus aculeatus*,

见图 4-3s），笔石体长 7.5 mm，始端钝圆，向上从 0.8 mm 增至 1.3 mm，胎管不清，始端具有两个细小的底刺，胞管腹缘呈 S 形弯曲，第一个胞管的口部生出一个长而弯曲的口刺，刺基肥大。④美丽雕笔石（比较种）（*Glyptograptus cf.Venustus*，见图 4-3t），笔石体长度常超过 40 mm，宽度从始端的 0.8 mm 左右往末端方向变宽至 2 mm 左右，至 10 mm 处宽度增至最大，并稳定保持至末部；胞管腹缘末端略微外凸，口缘平直，胞管呈交错式排列，线管粗大明显。⑤可疑雕笔石（*Glyptograptus incertus*，见图 4-4a），笔石体长 12 ~ 23 mm，始端宽 0.6 ~ 0.8 mm，向上逐渐增大，末端稍微收缩，胎管刺一般向下垂伸，中轴较粗壮，伸出末端之外。⑥龙马雕笔石（*Glyptograptus lungmaensis*，见图 4-4b），笔石体长 11 ~ 56 mm，始端宽 0.7 ~ 1.2 mm，向上逐渐增宽至 2.5 mm，胎管刺细小，胞管腹缘呈 S 形弯曲，中间缝合线直和完整，中轴伸出末端之外。⑦多弯雕笔石（*Glyptograptus sinuatus*，见图 4-4c），笔石体始端尖削，长 9 ~ 30 mm，胎管刺一般较粗壮，长 3.5 ~ 3.7 mm，中轴粗壮，伸出体外。⑧泰马拉雕笔石（*Glyptograptus temalaensis*，见图 4-4d），笔石体长 11 ~ 56 mm，向上逐渐增宽，离始端 20 mm 处达最大宽度，其后此宽度保持至末端或稍微收缩，中轴一般较细直，伸出末端之外。

（9）次栅笔石属（*Metaclimacograptus*）

可从岩芯中鉴定出其 1 个种别：两形次栅笔石（*Metaclimacograptus biformis*，见图 4-4e），笔石体长 14 mm 以上，胎管刺粗壮，始部胞管为栅笔石式，向末部胞管折曲度减弱，腹缘呈波折弯曲，口穴呈袋状。

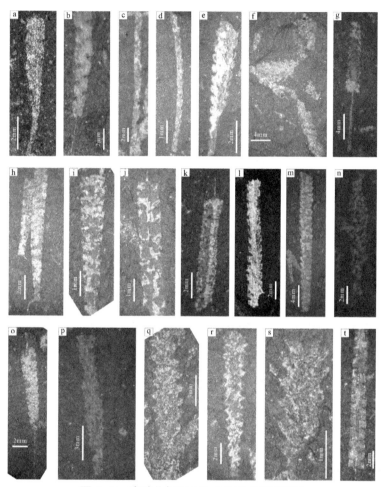

图 4-3　滇黔北探区 Y2 井生物化石图版 I

（10）新双笔石属（*Neodiplograptus*）

可从岩芯中鉴定出其 1 个种别：里卡兹新双笔石（*Neodiplograptus rickardsi*，见图 4-4f），笔石体长 45 mm，最大宽度在中部，末部稍窄，中 - 末部两侧大致平行，末端之外有一薄膜体，呈宽锥状向前伸出 1.5 mm，胎管不大清楚，胎管刺粗壮，始部三对胎管为栅笔石式，膝角清楚，膝上腹缘直，中部为雕笔石式，末部胞管近于直管状。

125

（11）正常笔石属（*Normalograptus*）

可从岩芯中鉴定出其6个种别：①短棒正常笔石（*Normalograptus brevibacillus*，见图4-4g），笔石体长20 mm，从始端的0.7 mm向上很快增至1.3 mm，此宽度保持至末端，胎管仅见口部，呈棒状向下垂伸，始部10 mm内有13～15个胞管。②短小正常笔石（*Normalograptus exiguus*，见图4-4h），笔石体长13～14 mm，始端圆，胎管不清楚，但可以见到一个向下垂伸的细小的胎管刺，中轴细直，伸出体外1.5 mm。③长刺正常笔石（*Normalograptus longispinus*，见图4-4i），笔石体长20 mm，始端尖削，胎管未露出，可见长达16 mm以上的胎管刺，始部6对胞管为栅笔石式，膝角90°，口缘平，口穴方形，中轴硬直，伸出末端之外。④假正常笔石（*Normalograptus pseudonormalis*，见图4-4j），笔石体长20 mm以上，从胞管口部的0.7～0.9 mm向上逐渐增至最大宽度，胎管刺细小，始部10 mm内有11个胞管，末部同样长度有8个。⑤遗留正常笔石（*Normalograptus superstes*，见图4-4k），笔石体长22 mm以上，始端尖圆，胎管不清楚，胎管刺劲直向下，刺外包有薄膜，在刺的中末部膜体稍微扩展，胞管口角清楚，膝角不显，口缘平直或微凹，中轴伸出末端之外20 mm以上，为膜体包裹。⑥次直角正常笔石（*Normalograptus subrectangularis*，见图4-4l），笔石体长30 mm以上，宽度向上一直增加，最大宽度在末端，始端有细小底刺伸出，中轴伸出末端之外。此种的幼年笔石除个体小些，其他特征与成年笔石相同。

（12）直管笔石属（*Rectograptus*）

该属笔石体双列，胞管为直管状，无隔壁或具有直的中隔壁，恒具胎管刺或具有胎管口刺和第一个胞管的腹刺。

可从岩芯中鉴定出其 6 个种别：①狭窄直管笔石（*Rectograptus angustifolius*，见图 4-4 m），笔石体狭窄，长 15 ~ 25 mm，胎管刺细小，10 mm 内有 10 ~ 13 个胞管。②北贡直管笔石（*Rectograptus beigongensis*，见图 4-4n），笔石体长 20 mm，始端宽 0.8 ~ 1.1 mm，向上逐渐加宽，两列胞管交错排列，始部 10 mm 内有 10 ~ 13 个胞管，末部同样长度内有 8 ~ 11 个，中轴贯穿体中，并伸出体外。③可爱直管笔石（*Rectograptus bellulus*，见图 4-4o），笔石体始端尖削，向上很快增至最大宽度 2.0 mm，胎管刺细长，始部 10 mm 内有 14 个胞管，末部同样长度有 11 ~ 12 个。④可爱直管笔石钝形亚种（*Rectograptus bellulus obtusatus*，见图 4-4p），笔石体短小，长仅 9 mm，始端钝圆，两列胞管交错排列，始部 5 mm 内有 7 ~ 7.5 个胞管。⑤鱼叉直管笔石（*Rectograptus lonchoformis*，见图 4-4q），笔石体长而粗壮，长度 20 ~ 40 mm，始端宽 1.0 ~ 1.2 mm，向上开始迅速、其后逐渐加宽，胞管为直管状，腹缘稍微外凸，口缘直，始部 10 mm 内有 9 ~ 12 个胞管，末部同样长度内有 8 ~ 9 个，中轴粗壮，伸出末端之外。⑥羊角岭直管笔石（*Rectograptus yangjiaolingensis*，见图 4-4r），笔石体长 38 mm，始部瘦削而增宽迅速，距始部 9 mm 处宽 2.4 mm，此后宽度增加缓慢，胎管不清楚，仅口部微露，有一个细小的胎管刺，中轴宽 0.3mm，伸出笔石体之外逐渐变细。

（13）拟尖笔石属（*Parakidograptus*）

该属笔石始端发育形式和笔石体主要特征均与尖笔石相同，唯胞管类型不同。

可从岩芯中鉴定出 2 个种别：①尖削拟尖笔石（*Parakidograptus acuminatus*，见图 4-4s），笔石体直或微弯，长 10 ~ 30 mm，第一个胞管从胎管中上部生出后，很快转折向上生长，第二个胞管从第一个胞管中部生出后，横过胎管尖端直接向上生长，中轴纤细，伸出末端之外。②长形拟尖笔石（*Parakidograptus longus*，见图 4-4t），笔石体长 30 mm 以上，始端尖削，胎管呈长锥形，胞管腹缘以及口缘均直，长约 2 mm，倾角很小，10 mm 内有 10 个胞管。

（14）锯笔石属（*Pristiograptus*）

该属笔石体直或弯曲，胞管为简单的直管状。

可从岩芯中鉴定出 2 个种别和一个未定种（*Pristiograptus sp.*）：①异常锯笔石（*Pristiograptus insolentis*，见图 4-5a），笔石体纤细，始部微向背部弯曲，末部近直，长 30 mm 以上，胎管顶部抵第一个胞管的中部，第八个胞管之后成为典型的锯笔石胞管，10 mm 内有 9 ~ 12 个胞管。②半圆锯笔石（*Pristiograptus semicirculatus*，见图 4-5b），笔石体向背部弯曲呈半圆形，胎管极其细长，长 3 mm 左右，胞管口缘平或稍有凹入，略向外斜或与轴向近于垂直相交，5 mm 以内有 5 ~ 6 个胞管。

（15）普利贝笔石属（*Pribylograptus*）

该属笔石为上攀的单列枝，枝弯曲，胞管具膝角，口部向内转曲，并横向扩张。

可从岩芯中鉴定出 3 个种别：①尖削普利贝笔石（*Pribylograptus acuminatus*，见图 4-5c），笔石体在第一对胞管口部处宽 0.8 mm，向上宽度急剧增加，最大宽度在末部，胞管口部向内转，口穴呈裂隙状，致使外露腹缘的始部稍微呈膝状，始部 10 mm 内有 9.5 个胞管。②整洁普利贝笔石（*Pribylograptus argutus*，见图 4-5d），笔石体始部强烈弯曲，末部渐直，长 40 mm 以上，胞管腹缘呈 S 形弯曲，具轻微膝状构造。③纤胞普利贝笔石（*Pribylograptus leptotheca*，见图 4-5e），笔石体始端细，宽 0.4 ~ 0.5 mm，向上增至最大宽度，两侧近于平行，口缘两侧具角状扩展，口尖显著。

（16）花瓣笔石属（*Petalolithus*）

可从岩芯中鉴定出 1 个种别：叶状花瓣笔石汤氏亚种（*Petalolithus folium tornquisti*，见图 4-5f），笔石体长 6.5 ~ 20 mm，横过第一对胞管口部处的宽度为 3.0 mm，至第四对增大至 4.0 mm，此宽度保持至末端，胞管细长，长为 5.0 ~ 6.0 mm，始部 10 mm 内有 4 个胞管，末部同样长度内增加到 5 个。

（17）普纳笔石属（*Pernerograptus*）

可从岩芯中鉴定出 1 个种别：纤细普纳笔石（*Pernerograptus gracilis*，见图 4-5g），笔石体长 105 mm，始部宽度为 0.1 ~ 0.15 mm，向上逐渐增宽，最大宽度在中部，一直保持至末部，胎管十分细小，但不清楚。

（18）赫南特动物群（*Hirnantia fauna*）

赫南特动物群一般产出层位为观音桥层，从整个滇黔北探区已有探井的情况看观音桥层的厚度通常是小于 2 m 的，在 Y2 井赫南特动物群产出层位厚度为 0.7 m，其深度区间为 2201.7 ~ 2202.4 m。从该井岩芯中识别出 4 个腕足动物种 / 亚种，包括 *Dysprosorthis sinensis*（见图 4-5h）、*Hindella crassa incipiens*（见图 4-5i）、*Hirnantia sagittifera*（见图 4-5j）、*Kinnella kielanae*（见图 4-5k），这些化石的分布层位十分稳定，延限带均限制在观音桥层之内。

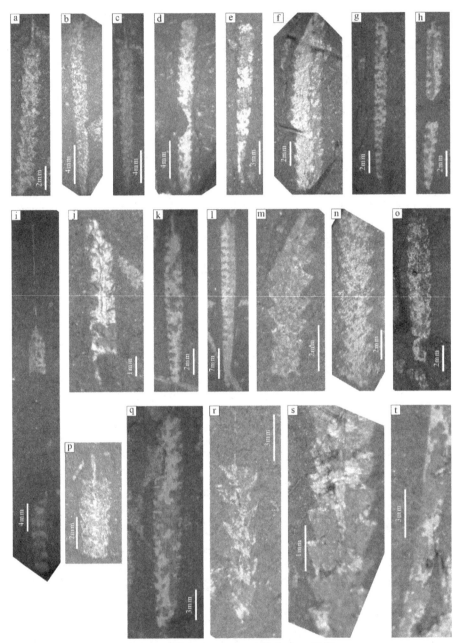

图 4-4　滇黔北探区 Y2 井生物化石图版 II

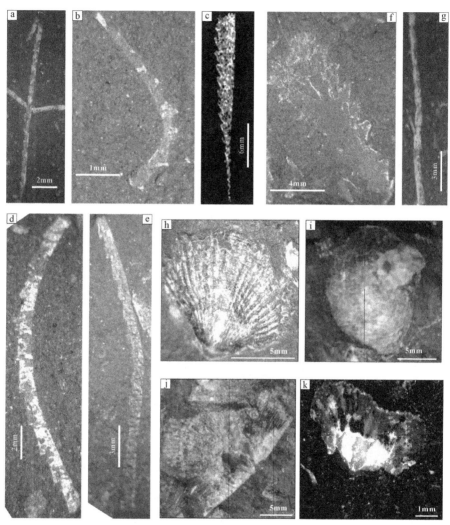

图 4-5　滇黔北探区 Y2 井生物化石图版 III

4.3　生物地层划分

根据华南上奥统 – 兰多维列统底部生物地层系统的生物带划分原则
（Chen et al.，2000）以及扬子地区的笔石带划分图（见图 4-2），将

Y2 井中所识别的笔石化石，按产层与分布建立 Y2 井五峰组 – 龙马溪组下段笔石及腕足类生物化石地层延限图。在研究中，由于岩芯样本的局限性，五峰组下部可识别的笔石种类很少。其下部的 *D.complexus* 带、*P.pacificus* 带和 *N.extraordinarius–N.ojsuensis* 带中不可见带化石种，将五峰组下部层段划分为 WF2—WF4 带。沿五峰组地层向上，至观音桥层段所鉴定出的化石类别变多，并含有清晰的分带标志。根据赫南特腕足动物群化石的首现和消失，可划分出赫南特生物带（HF）。观音桥层上部的 *N.perculptus* 带（LM1）内未发现标准的带化石 *N.perculptus*，但研究表明雕笔石属的 *Glyptograptus cf.Venustus* 与 *N.perculptus* 带具有相关性（Chen et al.，2000），并且岩芯中保存有龙马溪组底部特有的化石种类 *Glyptograptus lungmaensis*（穆恩之 等，2002）。根据上述情况，研究区内 *N.perculptus* 带与 HF 带的分界可以 *Glyptograptus cf.Venustus* 和 *Glyptograptus lungmaensis* 首现为标志，划分出 LM1 带，此分界也可划分出五峰组和龙马溪组地层。*N.perculptus* 带上部 *A.ascensus* 带（LM2）的开端标志为带化石 *A.ascensus* 的首现，该化石的消失和 *P.acuminatus* 的首现标志着该带的结束。此带中的笔石化石丰度高，且种类分异度高，共产出 23 个种别。样本最上端的 *P.acuminatus* 带（LM3）的底界标志为带化石 *P.acuminatus* 首现，该带产出笔石丰富，且种类分异度较高，因未鉴别出上覆笔石带的标准带化石及相关笔石种属，其上界无法确定。

将笔石地层划分的结果与华南标准笔石带进行对比后，认为本书中讨论的笔石带是连续产出。研究层段最下部 3 个化石带缺乏对应的带化石，根据前人资料显示，奥陶系与志留系的沉积间断往往位于龙马溪组地层与奥陶系地层之间，而非五峰组。本书中所涉及的区域地层连续沉积。

通过研究区内的笔石发育特征可以论证区内龙马溪组－五峰组地层呈连续沉积。根据上述鉴定结果及分层标准将 Y2 井五峰组至龙马溪组下段地层的笔石带进行划分，如图 4-6 所示，该段笔石及腕足类生物化石地层延限图如图 4-7 所示。

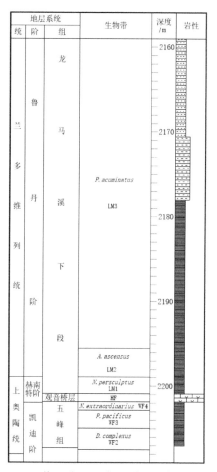

图 4-6　Y2 井五峰组－龙马溪组下段生物带划分

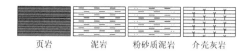

页岩　　　泥岩　　　粉砂质泥岩　　介壳灰岩

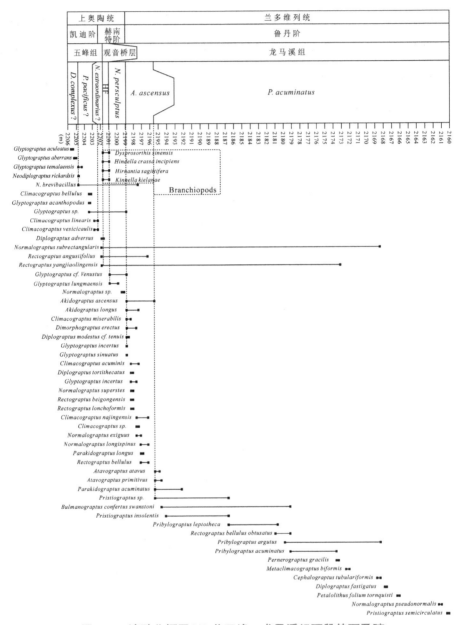

图4-7　滇黔北探区 Y2 井五峰 – 龙马溪组下段笔石及腕

足类生物化石地层延限图（据伍坤宇，2015）

HF—赫南特动物群

4.4 生物带与 TOC 指标及米氏周期响应关系

生物地层带的精细划分不仅有利于区域地层划分对比工作，当其与地球化学、有机质含量等指标结合起来分析研究（见图 4-8），更能进一步指导实际勘探开发工作。从生物带的鉴定结果以及生物地层划分和生物化石地层延限的确立可以看出，五峰组－龙马溪组下段地层，各岩石地层单位孕育着不同的生物类型，不同种属共同构建了各自隶属的生物带系统。各个岩石地层单位包含的生物种属类型及数量均不相同，有的笔石种延限较短，仅存在于很薄的地层中，而有的笔石种延限可以跨越几个岩石地层单位。例如正常笔石属中的次直角正常笔石（*Normalograptus subrectangularis*）以及直管笔石属（*Rectograptus*）中的羊角岭直管笔石（*Rectograptus yangjiaolingensis*），这两种笔石种都始现于五峰组上部的观音桥层底部，一直到鲁丹阶的龙马溪组下段地层中的岩芯都可以观测到此两种笔石的存在，是本次笔石带种属鉴定中，延限最长的笔石种。

从图 4-6 可以看出，在上奥陶统五峰组下部地层发育有 3 个笔石带（WF2—WF4），生物化石较丰富，本次鉴定出 14 个笔石种，而且从 TOC 曲线变化趋势也可以看出，在此地层区间有机碳含量也在逐渐增加，多数取样点数据均落在 TOC 下限值之上（见图 4-8）。从轨道偏心率周期曲线形态也可以看出，偏心率周期处于低值区，表明该时期偏心率较小，太阳辐射量相对较大，为间冰期，气候较温暖，生产力旺盛，有利于生物的繁衍。

在五峰组上部地层，即观音桥层，识别出 9 种生物化石，之前的部分生物在此段地层已不存在，而是被此阶段特有的赫南特贝动物群（*Hirnantia fauna*）所替代。该层段普遍发现了赫南特冷水底栖生物群，此时 TOC 曲线也发生了较大的变化。由于生物种属的更替，加之冰期的到来导致海平面的大幅降低，破坏了原有的有机质保存，并且低下的生产力等因素共同作用，导致有机质含量大幅降低，最低值甚至低于下限值（TOC < 2.0%）。这种现象正好与之前的分析相反，该时期偏心率处于高值区，整体环境由间冰期向冰期转化，寒冷的气候条件使得原始冰盖扩张，海平面下降，生物的分异度降低。并且此时期，米氏周期曲线的幅值变化剧烈，在偏心率最大值时期，也正是冰期爆发时期，也可以说是地球轨道周期的变化，导致此次冰期的发生，使大环境发生巨大转变，致使大多数生物灭绝，这也正好证实了奥陶纪末期的冰川 – 生物大灭绝事件与地球轨道运转的"偏心率"事件相关联。

随着冰期的结束，地球进入间冰期（鲁丹阶）（LM1—LM3），由冰期到暖期的转变，以 *A.ascensus* 笔石带的出现为标志。从图4-8中亦可看出，随着进入龙马溪组下段地层，不同种属的生物大量发育，分异度大，有机碳含量曲线也由最低值开始逐渐增大，偏心率曲线幅值变化也趋于平缓。

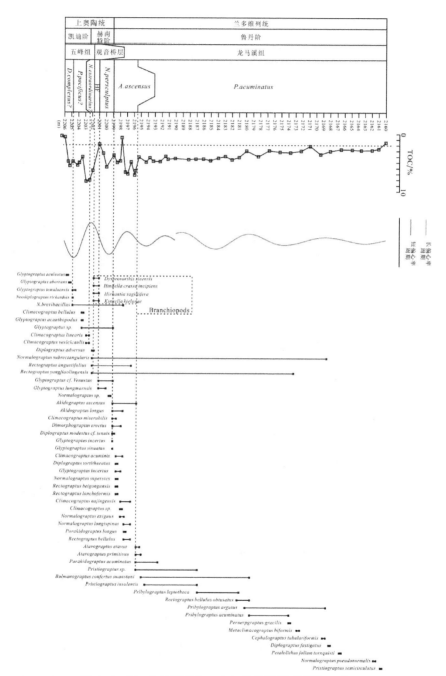

图 4-8　Y2 井笔石带与 TOC 曲线及轨道周期示意图

HF—赫南特动物群

4.5　小结

通过对 Y2 井取芯段笔石和腕足等古生物化石的研究，一共鉴定出 17 个笔石属、47 个种（亚种）以及存在于观音桥层中的赫南特动物群（*Hirnantia* fauna）。依据前人在华南区块所建立的笔石带划分原则，将五峰组 – 龙马溪组下段地层中的生物地层划分为 6 个带，分别为 *Dicellograptus complexus* Zone（WF2）、*Paraothograptus pacificus* Zone（WF3）、*Normalograptus extraordinarius – Normalograptus ojsuensis* Zone（WF4）、*Normalograptus persculptus* Zone（LM1）、*Akidograptus ascensus* Zone（LM2） 和 *Parakidograptus acuminatus* Zone（LM3）。笔石带分布连续，也表明研究区内五峰组和龙马溪组这两套地层为连续沉积。

由笔石鉴定结果，绘制了生物化石地层延限图，结合分析层段的有机碳含量数据及米兰科维奇旋回记录得到以下认识：从五峰组底部（WF2—WF4）开始便出现个别笔石种属分布，但数量较少，偏心率低，处于间冰期阶段，气候温暖，有机碳含量呈升高趋势；进入到五峰组上部地层，即观音桥层时，鉴定出生物化石 9 种，其中包含赫南特动物群（*Hirnantia* fauna），该时期由间冰期进入冰期，轨道偏心率增大，气候寒冷，冰盖扩张，海平面下降，从图 4-8 中可以看出在此时期 TOC 指标有一个明显的低值，生物分异度低，地球轨道周期的变化，导致此次冰期的发生，使大环境发生巨大转变，致使大多数生物灭绝，这也正好证实了该时期的冰川 – 生物大灭绝事件与地球轨道运转的"偏心率"事件相关联；从观音桥层开始（LM1—LM2）生物化石丰度显著增加，且分带标志开始变得明显，生物种类分异度高，冰期结束进入间冰期，偏心率由大到小，且有机碳含量明显升高，进入 *P.acuminatus* 带（LM3）开始，有机碳含量趋于稳定，没有大的波动，平均值大于 TOC 下限值。

第5章　有机质聚集对
轨道周期的响应

　　本书的研究区主要目的层位是五峰组和龙马溪组。研究区范围内在这一时期的环境变化比较强烈（晚奥陶世 – 早志留世），尤其在 O–S 界线附近有一次冰期向间冰期的气候转化阶段。外部环境的剧烈变化，除了会导致构造运动对于整个海洋水体系统产生巨大影响外，还将会对海洋水体中的有机质形成及保存有着重要的影响，即对有机质（烃类）的富集有重要的影响（伍坤宇，2015）。在该时期（晚奥陶世 – 早志留世）研究区沉积了一套厚度大、成熟度高、生烃强度大的黑色页岩。据前人研究可知，页岩中的天然气含量与有机质（烃类）的含量呈正相关的关系，因此研究区的这套页岩中有机质富集规律的探讨也是我国南方古生代页岩气赋存富集机理和资源潜力评价的基础性问题（李艳芳 等，2015）。前人已经对该套地层的地球化学特征、岩相古地理特征等进行了大量的研究，而在有机质富集的过程中，沉积速率、古生产力、氧化还原条件等因素是如何控制其富集状态的，尤其是天文轨道因素控制下的轨道参数对有机质的富集是否产生影响，以及如何控制着有机质的赋存等却基本没有提及。对这些主控因素的研究工作，不仅会对我们更加深入细致地了解有机质的富集有所帮助，而且更有益于我们对页岩气有利层段的优选，以及对后期勘探开发的部署有着重要的启示作用。我们分别从研究区有机化合物的丰度、控制其聚集的主要因素以及受古环境控制所形成的有机化合物富集模式进行研究，来探讨滇黔北探区烃类（有机质）聚集规律。

5.1　有机质丰度对轨道周期的响应

轨道周期的响应特征不仅体现在对地层岩性段的旋回性，而且还与有机质的聚集存在响应关系。作为评价有效烃源岩重要指标之一的有机质丰度，主要包括总烃、氯仿沥青"A"及总有机碳（TOC）含量这三个表征参数。根据之前的研究我们已经认识到轨道周期与一些极端气候事件有很好的耦合关系，且体现在周期曲线的振幅变化及其偏心率大小变化上，而气候变化导致的沉积环境的不同往往直接影响了有机化合物的聚集与保存，并在TOC 指标上呈高低起伏的变化特征，所以在一定程度上，天文轨道周期的变动往往也就记录在了 TOC 变化曲线中。通过对有机碳含量的米氏旋回研究不仅能够揭示有机质的富集规律，更能探索轨道周期与总有机碳含量的响应关系。

在利用有机碳含量对烃源岩级别进行评价时，一般将有机碳含量大于0.5% 的划分为有效烃源岩。国外盆地主要产气页岩中，有机碳含量一般大于 2.0%，例如美国页岩气盆地就是如此，鉴于此国内外页岩气研究学者普遍将有机碳含量 2.0% 定义为页岩气有利勘探目标的下限值。本书在此以样品实验分析数据较多的 Y1 井和 Y2 井的五峰组－龙马溪组下段地层为例，其中，Y1 井样品 57 个，Y2 井 55 个，以有机碳含量作为指标参数（见表 5-1），对周期响应特征进行总结说明，得到以下结论。

表 5-1　滇黔北探区 Y1，Y2 井五峰组－龙马溪组总有机碳及同位素组成

样品编号	深度 /m	TOC/%	$\delta^{13}C_{org}$ vs. PDB/‰	样品编号	深度 /m	TOC/%	$\delta^{13}C_{org}$ vs. PDB/‰
Y1-01	2467.93	1.27	-28.56	Y1-57	2514.07	3.17	-31.89
Y1-02	2469.48	0.99	-28.87	Y2-01	2160.02	1.53	-28.92
Y1-03	2471.96	0.90	-28.45	Y2-02	2161.06	2.63	-29.22
Y1-04	2473.58	1.18	-28.34	Y2-03	2162.00	2.86	-29.11
Y1-05	2475.78	1.24	-28.90	Y2-04	2163.58	2.89	-29.24
Y1-06	2477.57	1.24	-29.01	Y2-05	2164.95	2.77	-29.12
Y1-07	2478.80	0.29	-29.17	Y2-06	2166.51	2.70	-29.44
Y1-08	2481.08	1.41	-28.83	Y2-07	2168.03	3.03	-29.68
Y1-09	2482.80	1.74	-28.11	Y2-08	2169.42	3.57	-29.31
Y1-10	2484.38	2.46	-29.21	Y2-09	2170.92	2.15	-29.60
Y1-11	2486.09	2.03	-28.94	Y2-10	2172.24	2.99	-30.08
Y1-12	2487.10	2.03	-30.46	Y2-11	2173.75	3.28	-29.99
Y1-13	2488.97	2.37	-28.07	Y2-12	2175.24	3.19	-30.33
Y1-14	2489.44	1.99	-29.11	Y2-13	2176.75	2.93	-30.15
Y1-15	2490.72	2.50	-28.62	Y2-14	2178.29	3.97	-30.29
Y1-16	2491.87	2.76	-29.70	Y2-15	2179.99	2.99	-29.81
Y1-17	2492.31	3.04	-29.85	Y2-16	2181.03	4.10	-30.34
Y1-18	2492.62	3.52	-29.59	Y2-17	2182.04	4.54	-30.15
Y1-19	2493.01	3.01	-29.15	Y2-18	2182.99	3.94	-30.58
Y1-20	2493.25	2.22	-30.24	Y2-19	2183.99	4.26	-30.73
Y1-21	2493.97	2.28	-29.26	Y2-20	2185.09	4.68	-30.67
Y1-22	2494.63	0.80	-29.84	Y2-21	2186.08	4.40	-31.05
Y1-23	2495.11	3.87	-30.75	Y2-22	2187.16	4.41	-31.11
Y1-24	2495.54	3.89	-31.28	Y2-23	2188.20	4.51	-30.71
Y1-25	2496.31	4.11	-31.22	Y2-24	2190.12	4.33	-31.14
Y1-26	2496.42	4.11	-30.90	Y2-25	2191.14	4.45	-30.89
Y1-27	2496.81	4.13	-30.97	Y2-26	2191.50	3.95	-30.89
Y1-28	2497.42	4.38	-31.29	Y2-27	2192.27	4.88	-30.50
Y1-29	2497.97	0.62	-30.75	Y2-28	2193.24	4.80	-30.89
Y1-30	2498.31	3.87	-31.11	Y2-29	2193.74	4.19	-30.96
Y1-31	2498.80	3.93	-30.90	Y2-30	2194.27	4.96	-31.30

样品编号	深度 /m	TOC/%	$\delta^{13}C_{org}$ vs. PDB/‰	样品编号	深度 /m	TOC/%	$\delta^{13}C_{org}$ vs. PDB/‰
Y1-32	2499.83	3.92	−31.43	Y2-31	2195.31	4.09	−30.95
Y1-33	2500.36	3.68	−30.87	Y2-32	2195.81	6.49	−31.06
Y1-34	2500.95	3.82	−31.63	Y2-33	2195.94	7.21	−31.11
Y1-35	2501.80	3.88	−31.47	Y2-34	2196.44	4.93	−31.10
Y1-36	2501.84	1.16	−30.39	Y2-35	2196.95	7.01	−30.90
Y1-37	2502.73	2.89	−30.70	Y2-36	2197.26	6.72	−31.04
Y1-38	2503.35	2.66	−30.99	Y2-37	2197.76	0.74	−30.90
Y1-39	2503.82	3.40	−31.41	Y2-38	2197.98	4.78	−30.87
Y1-40	2504.25	3.29	−31.47	Y2-39	2198.42	5.05	−30.63
Y1-41	2504.71	3.44	−30.92	Y2-40	2198.92	3.78	−30.79
Y1-42	2505.31	3.11	−30.90	Y2-41	2199.95	5.81	−30.84
Y1-43	2506.54	2.73	−31.43	Y2-42	2200.42	3.42	−30.40
Y1-44	2506.99	3.05	−31.05	Y2-43	2200.99	1.86	−29.31
Y1-45	2507.52	3.19	−31.13	Y2-44	2201.47	3.21	−29.14
Y1-46	2508.00	4.69	−31.60	Y2-45	2201.93	6.41	−30.37
Y1-47	2509.11	5.26	−30.52	Y2-46	2202.39	8.09	−30.11
Y1-78	2509.88	1.89	−28.57	Y2-47	2202.92	8.26	−30.83
Y1-49	2510.19	1.90	−28.53	Y2-48	2203.42	4.05	−31.26
Y1-50	2510.69	3.39	−30.76	Y2-49	2203.88	5.06	−30.70
Y1-51	2511.11	3.54	−31.40	Y2-50	2204.11	5.51	−30.72
Y1-52	2511.72	3.87	−30.92	Y2-51	2204.77	4.86	−30.82
Y1-53	2512.42	5.91	−32.20	Y2-52	2205.22	5.60	−30.74
Y1-54	2512.76	4.47	−32.11	Y2-53	2205.44	4.85	−30.88
Y1-55	2512.99	4.53	−32.08	Y2-54	2205.93	0.62	−30.96
Y1-56	2513.57	6.75	−31.65	Y2-55	2206.38	0.43	−30.41

数据来源：伍坤雨，2015。

①研究区五峰－龙马溪组下段地层泥页岩的有机碳含量普遍较高，TOC 平均值在 2.0% 以上，其中 Y1 井分析层段有机碳含量平均值达到 3.92%。将两口井的有机碳含量数据绘制 TOC 分布频率直方图（见图 5-1），从图中可以看出，占比最大为分布区间在 2.0% 到 3.0% 的数据，达到了 41.18%，仅有 14.71% 的数据 TOC 值在下限值之下，极大多数的样品分析结果均指示该时期的沉积岩为优质烃源岩，表明在五峰组－龙马溪组下段时期，有机质含量高，有机质的聚集较为集中，该时期利于有机质的聚集。

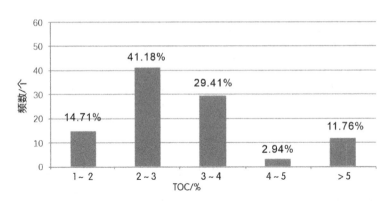

图 5-1　Y1，Y2 井五峰组 – 龙马溪组下段总有机碳含量分布频率直方图

②有机碳含量最大值处于五峰 – 龙马溪组下段底部地层中。根据图 5-2 和图 5-3，可以看出在纵向上，Y1 井和 Y2 井的 TOC 值都具有在该层段明显增大的特征，Y1 井底部富含有机质泥页岩的层段连续累积厚度可达 24.71 m，Y2 井中则可达 26.5 m。

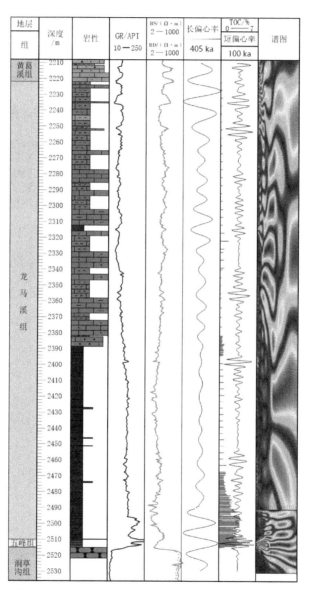

图 5-2　Y1 井总有机碳含量及米氏旋回综合柱状图

灰岩　灰质泥岩　泥岩　页岩　介壳灰岩　瘤状灰岩 粉砂质泥岩

从 Y1 井的 TOC 含量测试中可以看出，TOC 峰值主要集中在五峰组以及龙马溪组下段地层（见图 5-2）。并且从 TOC 曲线中沿纵向观察可以看出：从龙马溪组顶部地层开始 TOC 含量较低，平均值低于下限值 2.0%，并且变化趋势平缓；从龙马溪上段地层底部开始向下段地层，渐渐有增大趋势，并且在五峰组地层附近达到顶峰。试验样品的 TOC 分析结果也有同样的显示，并且在米兰科维奇旋回周期变化曲线上也有相应的响应特征。从偏心率长周期的变化曲线中可以看出，偏心率的变化幅度，在龙马溪组上段及下段地层的中上部较为平缓，没有大的周期波动，而在下段底部地层及五峰组，幅值突然增大，其变化趋势与 TOC 的变化存在一定相关关系，说明地球轨道参数周期的变化在一定程度上影响了总有机碳含量的变化。同样，选取 Y2 井相关数据进行分析，亦得到相同结论（见图 5-3）。

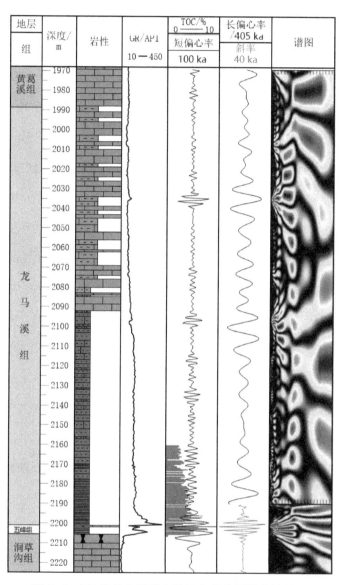

图 5-3　Y2 井总有机碳含量及米氏旋回综合柱状图

灰岩　灰质泥岩　泥岩　页岩　介壳灰岩　瘤状灰岩 粉砂质泥岩

由以上研究我们得知，地层的米氏旋回研究成果与 TOC 在地层纵向上呈现出一致的趋势特征，但要确定这种趋势是否来自轨道周期的调节作用，我们需要对 TOC 做频谱分析来识别其中存在的轨道周期形式。因此我们选取 Y1 和 Y2 井中的 TOC 数据作为原始数据（见表 5-1），对其进行频谱分析。所有数据均用"Paleontological Statistics"软件进行处理，其中 TOC 的频谱分析结果如图 5-4 所示，在这两组数据中均识别出了完好的米兰科维奇旋回周期。图中 a 为 Y1 井 TOC 的频谱分析结果，横坐标为频率值，单位 cycles/m，纵坐标为能量密度值，即频率能量，图中红色实线为平均红噪声模型，黄、蓝、绿三条线对应着计算的三条 90%，95% 和 99% 的置信水平曲线，谱图中有几个显著的峰值超过 95% 的置信曲线，在 95% 至 99% 的置信区间内一共识别出两处峰值，由频率计算出的旋回厚度分别为 9.1 m 和 2.3 m，旋回厚度的比值近似为 4：1，该比值与偏心长周期 405 ka 和短周期 100 ka 比值一致，即 9.1 m 对应天文轨道周期的偏心率长周期，2.3 m 对应偏心率短周期；b 为 Y2 井目的层段 TOC 频谱分析图，在置信区间内识别出两处峰值，由频率计算出的旋回厚度分别为 10.3 m 和 2.6 m，比值为 3.96：1，与理论周期比值一致，分别对应着偏心率长周期、短周期。Y1，Y2 井的 TOC 频谱图均识别出一致的米氏周期，说明总有机碳含量的沉积记录中也蕴含着轨道周期信息，受控于偏心率长、短周期的影响，也就是说偏心率的变化影响着有机碳的含量。这也刚好符合前文对有机碳含量和轨道偏心率耦合关系的阐述。

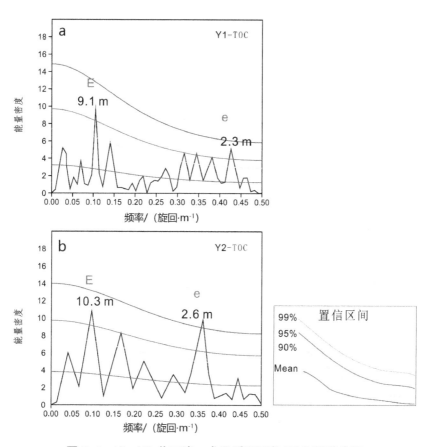

图 5-4　YI，Y2 井五峰 – 龙马溪组下段 TOC 频谱分析

5.2　古氧化还原环境对轨道周期的响应

　　有机质的富集和保存的影响因素除了有机质的丰富与否外，还受到古氧化还原环境的影响。有机质在不同的环境下经受着消耗和堆积的循环变化，而导致这种变化的驱动力是否来自轨道周期的调制作用，以及体现其变化特征的氧化还原替代指标是如何判断聚烃环境的，我们通过对微量元素的研究来探寻它们之间的内在联系。

本节所研究的岩芯样品共 40 个，岩芯所处层段主要为五峰 - 龙马溪组下部、宝塔组顶部，所有岩芯均取自 Y1 井与 Y2 井，并且每口井取样 20 个（见表 5-2）。其中，龙马溪组下部岩性为黑色泥页岩；五峰组顶部观音桥层为介壳灰岩，下部为黑色泥页岩。样品分析测试处理步骤为：①清洗岩样表面附着的来自钻井液中的聚合物和有机化合物成分，首先要进行初步处理，目的是除去钻井液中的水溶性聚合物，然后除去岩芯样品表面的有机物，主要利用二氯甲烷对岩芯进行超声波洗脱，将其表面有机物清洗掉；②采用真空冻干设备对岩样进行干燥处理，之后在颚式破碎机的作用下将岩芯捣碎，然后利用玛瑙研钵将破碎岩芯研磨至 120 目；③利用马弗炉仪器对研磨所得样品进行加热，在温度为 500 ℃的条件下对研磨样品加热 24 h；④样品消解，事先要准备清洗并且烘干后的聚四氟乙烯杯，采用色谱纯级的氢氟酸和硫酸，以及二次蒸馏的硝酸溶液；⑤在进行样品检测时，所使用的仪器为 Finnigan ELEMENT XR ICP-MS，测试精度优于 ±5%，并且在测试过程中，可以使用标样 BHVO-1 和 AGV-1 来调控测试精度。

理论上，能够用来推测氧化 - 还原条件的微量元素，当其处于不同的氧化 - 还原条件下时会呈现出不同价态，在某种环境中其价态可能会发生改变，并且在改变后可能产生沉淀或者迁移，因此可以以沉积岩中的某种微量元素的含量作为指示指标，进行定量 / 半定量地反推该时期的沉积环境。经常用来反演沉积环境的微量元素指标主要包括钼（Mo）、铀（U）、钍（Th）、钒（V）、镍（Ni）、铬（Cr）和钴（Co），本书选取这 7 种元素做微量元素测试，进行氧化还原环境分析研究，测试结果见表 5-2。

表 5-2　滇黔北探区五峰 – 龙马溪组下部层段岩芯微量元素组成

样品号	深度/m	V	Cr	Co	Ni	Mo	Th	U	V/(V+Ni)	V/Cr	Ni/Co	U/Th
		$\times 10^{-6}$										
Y2–01	2160.02	91.9	23.2	4.4	29.2	27.2	10.5	15.1	0.76	3.96	6.64	1.44
Y2–02	2163.58	157.6	33.8	6.8	66.0	28.6	8.4	14.3	0.70	4.66	9.71	1.70
Y2–03	2166.51	166.4	34.1	7.9	70.2	30.1	11.7	17.4	0.70	4.88	8.89	1.49
Y2–04	2169.42	179.0	38.3	8.2	76.3	33.4	14.7	20.7	0.70	4.67	9.30	1.41
Y2–05	2172.24	158.0	48.7	6.2	58.7	21.3	10.4	18.2	0.73	3.24	9.47	1.75
Y2–06	2175.24	144.9	31.8	8.3	56.4	21.9	9.8	23.6	0.72	4.56	6.80	2.41
Y2–07	2178.29	171.1	30.2	15.7	135.7	33.7	11.1	24.2	0.56	5.67	8.64	2.18
Y2–08	2182.04	165.4	36.8	7.6	78.9	22.2	12.2	21.6	0.68	4.49	10.38	1.77
Y2–09	2183.99	177.3	39.9	9.8	83.8	24.8	9.5	17.6	0.68	4.44	8.55	1.85
Y2–10	2190.12	160.8	22.5	8.7	82.2	25.0	16.7	22.3	0.66	7.15	9.45	1.34
Y2–11	2193.24	114.8	26.2	5.8	54.5	27.2	13.5	20.4	0.68	4.38	9.40	1.51
Y2–12	2195.94	192.1	31.1	11.7	85.7	30.4	17.5	32.8	0.69	6.18	7.32	1.87
Y2–13	2199.95	214.5	69.4	18.0	132.9	39.5	19.2	36.3	0.62	3.09	7.38	1.89
Y2–14	2200.99	166.5	98.3	58.2	226.5	16.2	32.6	18.9	0.42	1.69	3.89	0.58
Y2–15	2201.51	123.6	65.4	49.6	196.6	18.9	24.3	12.6	0.39	1.89	3.96	0.52
Y2–16	2202.39	251.5	61.6	18.1	126.0	30.4	8.3	14.7	0.67	4.08	6.96	1.77
Y2–17	2203.42	146.8	37.2	8.6	91.5	19.5	16.2	19.8	0.62	3.95	10.64	1.22
Y2–18	2204.11	243.7	49.1	18.3	123.4	24.3	14.6	25.3	0.66	4.96	6.74	1.73
Y2–19	2205.44	154.8	27.4	22.1	136.3	32.3	17.4	25.9	0.53	5.65	6.17	1.49
Y2–20	2206.38	126.3	73.5	48.7	240.6	15.3	14.7	9.3	0.34	1.72	4.93	0.63
Y1–01	2478.80	103.2	21.7	8.7	81.3	17.8	11.2	14.2	0.56	4.76	9.34	1.27
Y1–02	2484.38	122.6	28.1	7.9	62.7	19.4	8.9	12.1	0.66	4.36	7.94	1.36
Y1–03	2488.97	139.5	33.8	9.1	59.8	28.5	12.1	13.3	0.70	4.13	6.57	1.10
Y1–04	2491.87	148.7	31.3	8.9	61.3	31.2	14.5	19.7	0.71	4.75	6.89	1.36
Y1–05	2493.01	136.3	29.9	9.2	68.1	24.7	13.2	16.3	0.67	4.56	7.40	1.23
Y1–06	2494.63	139.7	31.8	10.3	64.2	23.6	18.9	21.4	0.69	4.39	6.23	1.13
Y1–07	2496.31	181.2	41.4	14.9	121.9	29.4	15.3	19.1	0.60	4.38	8.18	1.25
Y1–08	2497.42	172.1	39.3	10.7	75.8	25.1	14.7	21.3	0.69	4.38	7.08	1.45
Y1–09	2498.80	169.2	37.6	12.1	91.6	31.2	27.2	42.1	0.65	4.50	7.57	1.55
Y1–10	2500.95	156.7	32.5	11.3	82.2	26.7	21.4	36.7	0.66	4.82	7.27	1.71
Y1–11	2502.73	124.9	35.2	7.8	58.1	29.1	23.5	35.9	0.68	3.55	7.45	1.53
Y1–12	2504.25	212.8	51.1	13.7	91.7	31.2	16.9	28.7	0.70	4.16	6.69	1.70
Y1–13	2506.54	194.6	41.3	16.4	115.3	33.5	21.2	37.6	0.63	4.71	7.03	1.77
Y1–14	2508.00	176.9	43.4	18.9	106.2	24.7	34.9	48.1	0.62	4.08	5.62	1.38
Y1–15	2509.88	133.7	77.3	51.2	216.6	16.3	28.3	10.6	0.38	1.73	4.23	0.37
Y1–16	2510.69	231.1	59.1	27.9	176.3	22.9	11.3	12.7	0.57	3.91	6.32	1.12
Y1–17	2511.72	161.2	39.2	12.1	92.5	20.4	21.2	29.4	0.64	4.11	7.64	1.39
Y1–18	2512.99	198.7	43.1	18.2	131.2	25.9	19.7	35.7	0.60	4.61	7.21	1.81
Y1–19	2514.07	136.9	54.7	18.1	106.1	31.7	19.3	25.9	0.56	2.50	5.86	1.34
Y1–20	2515.32	117.7	63.4	58.7	233.6	19.6	18.5	11.7	0.34	1.86	3.98	0.63

数据源自伍坤宇，2015。

本书选取了四组微量元素比值［U/Th，V/（V+Ni），Ni/Co 和 V/Cr］作为氧化还原条件指示指标（见表 5-2）来分析目的层段纵向上氧化还原环境的变化规律，从而进一步探明有机质富集规律。研究表明：当 V/（V+Ni）大于 0.54 时，主要为缺氧环境；当 0.45 < V/（V+Ni）< 0.54 时，认为是贫氧环境；当 V/（V+Ni）小于 0.45 时，表示为常氧环境（Jones et al.，1994）。表 5-2 显示，Y1 井的 V/（V+Ni）显示为 0.34 ~ 0.71，Y2 井的 V/（V+Ni）为 0.34 ~ 0.76，所有样品中 V/（V+Ni）小于 0.45 的低值情况，所处的层位均为宝塔组与观音桥层所在层位，因此说明在这两个层位发生沉积时，水体环境为常氧环境。V 和 Cr 两种元素之间的关系显示出了完全不同的化学行为，因此 V/Cr 可以作为指示古海洋氧化 - 还原条件的有效指标：V/Cr 小于 2 时，其沉积环境为氧化环境；2 < V/Cr < 4.25，环境为贫氧；当 V/Cr > 4.25 时，表现为缺氧的还原环境（Scheffler et al.，2006）。研究区 Y1 井 V/Cr 值为 1.73 ~ 4.82，Y2 井 V/Cr 值为 1.69 ~ 7.15，所以认为黑色泥页岩样品中的 V/Cr 均指示为贫氧 - 缺氧的沉积环境，只有取自宝塔组的泥质灰岩和取自观音桥层的灰质泥岩样品指示氧化的沉积环境。此结果与 V/（V+Ni）研究结果在纵向上具有一致的变化趋势。前人研究表明：Ni/Co < 5 指示为氧化沉积环境，当 5 < Ni/Co < 7 时，表示为贫氧环境，当 Ni/Co > 7 时，显示为缺氧环境；当 U/Th < 0.75 时，为氧化环境，当 0.75 < U/Th < 1.25 时，为贫氧沉积环境，当 U/Th > 1.25 时，为缺氧环境（Jones et al.，1994）。研究区 Y1 井的 Ni/Co 为 3.98 ~ 9.43，Y2 井的 Ni/Co 为 3.89 ~ 10.64，两口井 Ni/Co 小于 5 的样品均处于观音桥层和宝塔组的顶部，但是采自黑色泥页岩段的样品显示出较高的 Ni/Co 值特征（见表 5-2），所指示的环境为贫氧 - 缺氧环境。两口井 U/Th 值与 Ni/Co 变化规律在纵向上相似，从 U/Th 值显示的特征也可以看出表示为氧化的样品，也采自观音桥层与涧草沟组顶部地层（见表 5-2）。

为了使微量元素比值对环境的指示作用更为直观地显现，利用所测试的样品中的 TOC 含量和四种微量元素的比值分别为横、纵坐标，产生二元图版，将 Y1 井和 Y2 井的测试样品点投放到图版中，绘制出氧化 - 还原条件判别图（见图 5-5）。图 5-5 清楚地显示出各样品微量元素比值对沉积环境的指示作用，所有取自五峰组下段、龙马溪组下段的富有机质泥页岩段的样品点均落于贫氧和缺氧区域，但是底栖生物丰富的灰岩（宝塔组）和灰质泥岩段（观音桥层）样品点则落于常氧区域。研究目的层段五峰 - 龙马溪组整体的环境变化为缺氧 - 常氧 - 缺氧 - 贫氧的氧化还原环境。

以上分析结论表明，有机质含量高的层段基本上都是出于缺氧或贫氧的沉积环境，因为有机质在缺氧的环境中不会因为与氧气的接触而发生降解反应，而是由于缺氧而被很好地保存下来，并在此环境下得以聚集。之前的研究我们提到偏心率周期的震荡对有机质的丰度有影响。例如，在偏心率振幅较大的时期，地球偏心率数值波动较大：偏心率处于最大值时期，若地球北半球正处于远日点，此时接收到的光照强度减弱，地表的太阳辐射量降低，四季变化明显，处于热带的华南地块也不例外，出现季节性的温度升降，此时期也正是冰川易形成时期，这一过程同样也影响着处于上扬子地台的滇黔北地区，由于该时期温度降低，使得表层海水的温度也发生着季节性的变化，冰川的形成与温度两个因素共同影响使得淡水注入量减少，水体表层在垂向上产生了密度流驱动，将氧气输入海底，致使海底通氧，此时处于常氧环境下，不利于有机质的富集；而当偏心率由大向小转换时，从冰期向间冰期过渡，该时期恰好与冰期相反，温度回升，冰盖融化，海平面上升，海水底部缺氧，有利于有机质的聚集和保存，此期间易于形成富有机质页岩。

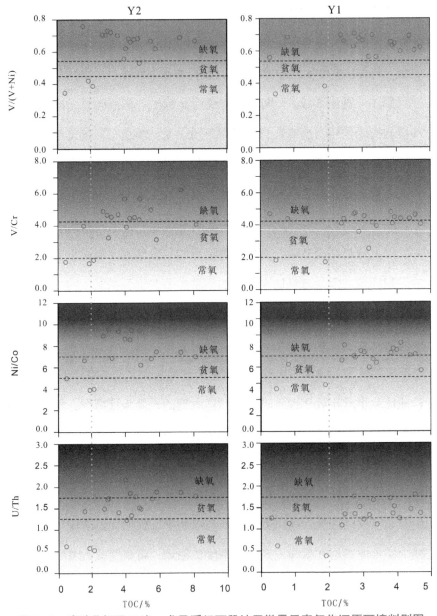

图 5-5   滇黔北探区五峰－龙马溪组下段地层微量元素氧化还原环境判别图

为了探究轨道周期对古氧化还原环境的控制作用，我们选取 Y2 井中的 V/（V+Ni），V/Cr，Ni/Co 和 U/Th 这 4 组微量元素比值作为原始数据，进行米氏旋回研究。分别做 4 组研究，每组有 20 个数据，所有数据均用"Paleontological Statistics"软件进行处理。由于该软件进行频谱分析时，要求数据分析序列必须等间隔取点，所以首先要对数据进行差值运算，使得没有规律的零散采样点等间距分布。运用软件的数据处理中的时间序列分析功能，采用 MTM 频谱分析方法，分析处理结果如图 5-6 所示。

在 4 组数据中均识别出了完好的米兰科维奇旋回周期。图中 a 为 V/（V+Ni）的频谱分析结果，横坐标为频率值，单位旋回 /m，纵坐标为能量密度值，即频率能量，图中黑色实线为经过 MTM 后的滤波结果，红色实线为平均红噪声模型，黄、蓝、绿三条线对应着计算的 3 条 90%，95% 和 99% 的置信水平曲线，MTM 谱图中有几个显著的峰值超过 95% 的置信曲线，在 95% 至 99% 的置信区间内一共识别出 3 处峰值，由频率计算出的旋回厚度分别为 11.5，2.9，1.2 m，旋回厚度的比值近似为 9.6：2.4：1，该比值与偏心长周期 405 ka、短周期 100 ka 及地轴斜率周期 40 ka 的比值 10：2.5：1 近似，即 11.5 m 对应天文轨道周期的偏心率长周期，2.9 m 对应偏心率短周期，1.2 m 对应斜率周期；b 为 V/Cr 的频谱分析图，在 95% 至 99% 的置信区间内一共识别出 3 处峰值，由频率计算出的旋回厚度分别为 11.2，2.8，1.3 m，比值为 8.6：2.2：1，与理论周期比值近似在准许误差范围内，分别对应着偏心率长周期、短周期和斜率周期；c 为 Ni/Co 的频谱分析图，在 95% 至 99% 的置信区间内一共识别出 3 处峰值，由频率计算出的旋回厚度分别为 10，2.6，1.2 m，比值为 8.3：2.2：1，分别对应着偏心率长周期、短周期和斜率周期；d

为 U/Th 的频谱分析图，在 95% 至 99% 的置信区间内一共识别出 3 处峰值，由频率计算出的旋回厚度分别为 11.5，2.75，1.5 m，比值为 7.7 ：1.8 ：1，分别对应着偏心率长周期、短周期和斜率周期；4 组微量元素比值均显示出一致的规律性、相似的周期比值。

微量元素比值的周期性记录反应了目的层段的古氧化还原环境下沉积相带划分同样受控于地球上的太阳辐射强度，即天文轨道周期的影响。从频谱分析图中我们可以看出，鉴定为偏心率长周期的谱峰在四个谱图中均以第一峰值出现，具有低频高能的特征，且识别出来的长周期旋回厚度近似相等，误差在可接受范围内，均在 95% 以上的置信区间，说明古氧化还原环境以轨道偏心率长周期作为主要调制周期。由图 5-7 得知：从五峰组底部到顶部的观音桥层，偏心率周期由小向大变化，对应着古氧化还原环境由缺氧泥质陆棚向常氧灰泥质浅水陆棚变化；在地层界线处以斜率周期和偏心率周期的重合为标志，古氧化还原环境由常氧环境进入缺氧泥质深水陆棚环境，在进入此阶段后，偏心率振幅不再强烈波动，振幅的平缓变化使得偏心周期的调制作用降低，地球表面接受的辐射能量以短周期调节和斜率周期调节为主。

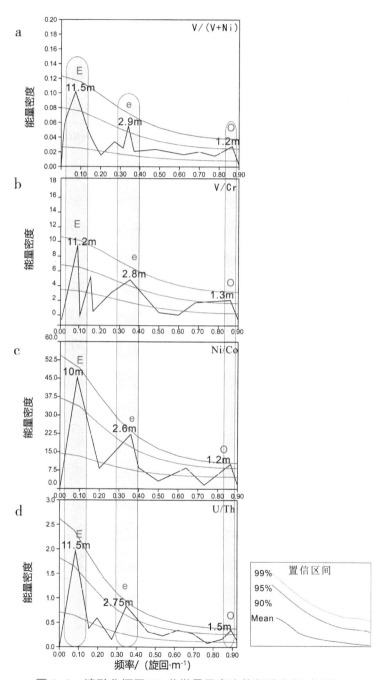

图 5-6　滇黔北探区 Y2 井微量元素比值频谱分析对比图

5.3　海平面升降对轨道周期的响应

有机质富集程度和保存条件中，海平面的升降变化也是较为重要的一个影响因素。众所皆知，地球和月球之间的万有引力作用导致了潮水的涨落，那么，地球轨道周期的变化是否也影响了海平面的升降及其间接影响的研究区烃类的聚集？

由区域地层沉积环境可知，五峰 – 龙马溪组地层均属于海相沉积地层，沉积物中的烃类含量高低对海平面的升降反应敏感，有机碳同位素的变化（$\delta^{13}C_{org}$）能够指示这一变化。

由前人研究成果可知，奥陶纪时期全球平均海平面高度达到古生代乃至显生宙的最高值（Haq et al.，2008）。紧接着在晚奥陶世 – 早志留世时期，地球上的生态系统也发生了巨大的变化，生物大辐射事件（詹仁斌 等，2013）和 "奥陶纪末生物大灭绝" 事件都在这一时期发生（戎嘉余 等，2014），到了早志留世海洋生物种群又迅速复苏。上述一系列事件的发生，无不表明在奥陶纪时期地球的古气候和环境都发生了剧烈的变化，同时也影响着整个海洋生态系统的结构、物质、能量循环的改变。

滇黔北探区广泛的海退事件发生在晚奥陶世赫南特时期，海进时期被海水覆盖的奥陶系碳酸盐岩台地部分暴露，接受风化剥蚀后，海洋中富重同位素的碳输入量增加，使得沉积物中有机碳同位素发生正漂现象。根据前文中 Y1，Y2 井的 $\delta^{13}C_{org}$ 值的资料（见表 5-1）显示，在凯迪间冰期时期（WF2—WF3），海平面处于高水位，到了赫南特冰期时（WF4—LM1），海平面快速下降，即碳同位素出现明显正漂移，两口井的同位素记录资料显示，WF4 中部时期 $\delta^{13}C_{org}$ 值均接近 –29‰，到了鲁丹早期

（LM2—LM3 时期），由于气候回暖，海平面再次上升，$\delta^{13}C_{org}$ 再次发生负漂移。所以研究层段在整个时期经历了海平面从高水位到低水位再到高水位的变化。

　　整体来说，相对较高的海平面使研究区中 – 晚奥陶世大暖期和志留纪间冰期时期的沉积水体较深，形成封闭的缺氧环境，使得沉积水体中的有机质能够完好地保存下来，这也正好符合有机质埋藏量增加的假说（Saltzman et al., 2005；Cramer et al., 2005）。观音桥层（WF4 时期）发生大规模的海退事件，海平面下降 50 ~ 100 m，使水体底部的溶氧量增加，导致有机质的消耗，不利于有机质的保存，这与图 5–7 中 TOC 曲线相对应，在 $\delta^{13}C_{org}$ 值出现正漂的层位，其有机碳含量大幅降低。在海侵的初期（龙马溪组地层最底部 LM1），以缺氧环境为主；到了海侵作用的后期，深层海水和表层海水发生了长时间的混合，而且前陆隆起继续抬升，使得盆地水体逐渐变浅，导致陆源碎屑物的注入量增加，底部的缺氧环境平衡被打破，不利于有机质保存，因此由地层底到地层顶部显示出有机碳含量变低的特征。

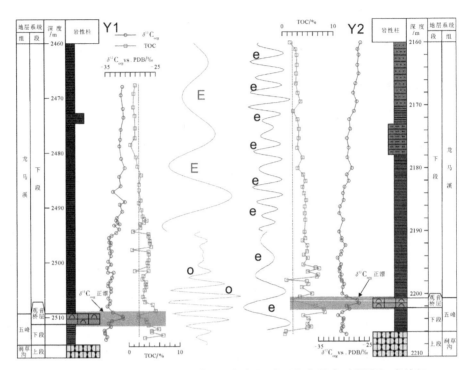

图 5-7　研究区五峰－龙马溪组下段有机碳同位素及米氏周期组成特征

E 为偏心率长周期，405 ka；e 为偏心率短周期，100 ka；O 为斜率周期，近 40 ka

图 5-7 展示了工区内 Y1 井和 Y2 井的有机碳含量及碳同位素的曲线特征，图中阴影部分为观音桥层，也代表赫南特期的冷事件，箭头指示碳同位素发生正漂现象的位置，并在此处对应着有机碳含量的峰值。图中识别了 Y2 井该地层段的米兰科维奇周期，分别为偏心率长周期（405 ka）、偏心率短周期（100 ka）以及 40 ka 的地轴斜率周期。由旋回曲线可以看出：在该层段上部地层中，主要以识别出的偏心率周期为主，周期幅度波动稳定，且 TOC 数值稳定，没有大的波动，仅在 2174 m 地层附近，偏心率短周期曲线出现了幅值的波动，并对应着岩性变化段，由页岩向砂质泥岩过渡，可能是由于海平面下降改变了沉积环境而导致的；在晚奥陶世至早志

留世的赫南特冰期附近，轨道周期曲线出现强烈的震荡，在偏心率达到最大时，正好对应着碳同位素的正漂位置。轨道周期对海平面升降的控制作用，主要是借助对气候的直接影响导致冰川的消融或扩张，进而影响了海平面的升降，最后体现在沉积系统中。海平面的上升将更有利于烃类的聚集及后期保存。

有机碳同位素的频谱分析结果如图 5-8 所示。图中 a 为 Y1 井 $\delta^{13}C_{org}$ 的频谱分析结果，横坐标为频率值，单位旋回 /m，纵坐标为能量密度值，即频率能量，图中红色实线为平均红噪声模型，黄、蓝、绿 3 条线对应着计算的 3 条 90%，95% 和 99% 的置信水平曲线，谱图中有几个显著的峰值超过 95% 的置信曲线，在 95% 至 99% 的置信区间内一共识别出 2 处峰值，由频率计算出的旋回厚度分别为 11.1 m 和 2.8 m，旋回厚度的比值近似为 3.96∶1，该比值与偏心长周期 405 ka 和短周期 100 ka 比值一致，即 11.1 m 对应天文轨道周期的偏心率长周期，2.8 m 对应偏心率短周期；b 为 Y2 井目的层段 $\delta^{13}C_{org}$ 频谱分析图，在置信区间内识别出 2 处峰值，由频率计算出的旋回厚度分别为 10 m 和 2.5 m，比值为 4∶1，与理论周期比值一致，分别对应着偏心率长周期、短周期。

由 $\delta^{13}C_{org}$ 的频谱分析结果，可以看出，偏心率长周期和短周期的稳定性与 5.1 小节中 TOC 的频谱分析结果大致相同，同时也说明了偏心率的变化会影响有机碳同位素的数值变化。而有机碳同位素的数值变化对海平面的升降具有一定指示作用，因此我们可以得出，海平面的升降受控于天文轨道周期的变化。这一点也正好与我们之前关于偏心率的变化使得冰川的消融与扩张而导致海平面发生升降相互呼应。

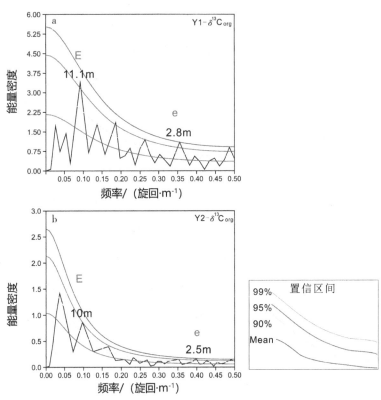

图 5-8　Y1，Y2 井五峰－龙马溪组下段 $\delta^{13}C_{org}$ 频谱分析

5.4　轨道周期调控下的有机质聚集模式

根据地化分析、海平面升降变化的气候响应机制及研究区的构造演化特征，古地理及古海洋环境地球化学记录，系统地建立了滇黔北探区凯迪期至鲁丹早期的沉积模式（见图 5-9）。

图 5-9a 为凯迪期的沉积模式图。该时期由于环大西洋超级火山活动猛烈，使得全球正处于大暖期，此时期正处于偏心低值区，由于华南地块位于南半球赤道附近的热带地区，大陆岩石圈在这种湿热的环境下会加速风化，由于滇黔北探区紧邻黔古陆，大气降水在流向上扬子浅海时会携

带陆源物质风化产生的营养物质。当丰富的营养物质注入，海洋浮游植物在有利的营养条件下大量繁殖，使得有机质生产量急剧增加，并且由于上扬子海三面环陆，唯一可接触开阔大洋的一侧又被湘鄂水下高地所阻隔，因此其整体上形成了一种滞留环境，下层海水中的氧气被大量沉积有机质所消耗，水体底部逐渐变为缺氧环境。同时大陆上的河流淡水源源不断注入，导致了表层海水被稀释，使其密度降低，因此盐跃层快速形成；由于其处于热带，常年温度较高，使得表层海水温度升高，因此形成了温跃层。在盐跃层和温跃层两种隔层的阻隔下，表层海水无法与下层海水进行垂向交换，进一步加剧了底部水体的缺氧状况，因此有利于富有机质页岩形成的沉积条件应运而生——较多的有机质来源和还原的沉积环境。五峰组下段黑色泥页岩便形成于这种环境，良好的生烃潜力取决于其具有较高的有机质含量。

图 5-9b 为赫南特期的沉积模式图。同样是由于环古大西洋超级火山事件的影响，在中－晚奥陶世大暖期，大陆岩石圈经历了强烈的化学风化，并且有机质埋藏速度增加，使得大气 CO_2 分压急剧降低。由于火山灰和氮、硫氧化物对太阳辐射的热量有阻隔作用，并且由于天文轨道周期偏心率由小变大，地球表面接受到的太阳辐射能急剧下降，全球气温在赫南特期迅速降低，导致大冰期降临。该时期南极的冈瓦纳大陆冰盖迅速向外扩张，出现了全球性的海退现象，处于热带的华南地块也不例外。处于上扬子地台的滇黔北探区同样也经历了此过程。冰期气温降低，温暖气候带范围被压缩，使得气候稳定的热带也开始出现季节性温度升降，表层水体也发生季节性的升降温现象，温度的降低并且淡水注入量减少使得表层水体的密度增加，表层水体在密度流的控制下会向下运移，与下部水体发生交换，

导致海底通气发生氧化。该时期适应冷水环境的赫南特贝动物群在全球繁盛，在滇黔北探区观音桥层发现了大量的此类生物化石。由于海平面的下降，先期形成的碳酸盐岩台地在该时期发生暴露而被风化，这使得上扬子浅海中富重同位素的 C 元素输入量增加，使得地层中有机碳同位素出现显著的正漂移现象。

图 5-9c 为鲁丹早期的沉积模式图。该时期沉积模式与凯迪期类似，在经历了大冰期事件之后，天文轨道偏心率由大向小转变，全球气温快速升高，在大冰期所形成的冰川快速融化，融化的淡水注入海洋，又一次引发了全球性的海侵事件。同时因为大气降水增加、气温升高、大气 CO_2 分压升高，加速了大陆岩石圈的化学风化，河流淡水携带大量营养元素再一次注入海洋中，使得海洋表层初级生产力快速升高。同样是由于古大陆与水下高地的阻隔，使得上扬子浅海水体与大洋交换不畅，加之温跃层与盐跃层的再次形成，使得区内水体垂向无法进行交换。还原条件下的滞留沉积环境迅速形成，并且在观音桥层之上形成了龙马溪组富有机质页岩，成为了华南地块最具资源潜力的产页岩气层段。

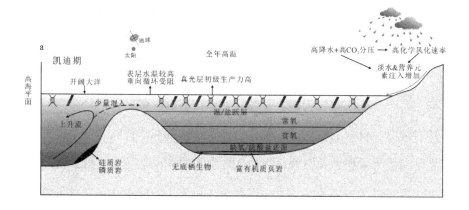

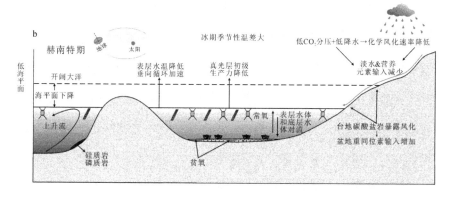

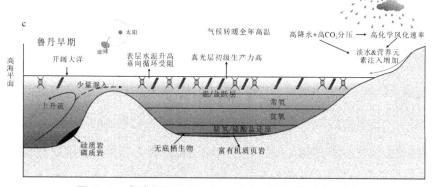

图 5-9　滇黔北研究区五峰 – 龙马溪组下段有机质富

集模式演化图（据伍坤宇，2015 修改）

◯╳◯—浮游生物；　╱—笔石；　▬—底栖生物

165

　　结合地球化学分析资料、轨道周期资料及生物地层资料，绘制了研究区的综合剖面图，如图 5-10 所示。

　　从图中可以清晰看出 Y1 井与 Y2 井的微量元素比值变化曲线在深度方向上具有一样的演化规律，其微量元素比值所反映的沉积环境与深度对应的岩性具有良好的对应匹配关系，各参数指标与岩性在垂向上的变化规律自下向上为：还原（五峰组下段黑色泥页岩）→氧化（五峰组观影桥层介壳灰质泥岩）→还原（龙马溪组黑色泥页岩）。除氧化还原指标能反映此规律外，有机碳含量也能展现出垂向上的这种变化规律。

　　纵向上，Y2 井在五峰组下段表现为缺氧泥质深水陆棚相，此时微量元素整体均表现为缺氧环境，对应的 TOC 含量和微量元素纵向变化规律一致，其含量在 4.05% ~ 8.26% 之间变化。而在观音桥层，表现为常氧灰泥质浅水陆棚相，微量元素表现为趋氧化的环境，TOC 含量降低与微量元素纵向曲线变化同步，含量均低于下限值 2%。

　　龙马溪组下段地层为缺氧泥质深水陆棚相，TOC 含量较观音桥层明显增大，在氧化还原元素纵向变化曲线上也得到了相同的响应特征，表明该时期开始进入缺氧环境，TOC 含量均超过其下限值 2%，分布在 2.15% 到 7.21% 之间。如此强烈的规律性，或许正是受控于天文轨道周期，轨道参数的周期性变化作为这些规律性变化的驱动力，因此在本节的研究中，针对 4 个古氧化还原环境判别指标进行频谱分析识别，如能识别出米氏周期，则可证实米兰科维奇周期变化作为驱动力机制直接控制着沉积古环境，并影响着烃类的聚集。

　　总体来说，处于水体最深，水体能量最低，缺氧条件下的深水泥质陆棚是最有利于有机质富集的层段。综合上述分析可得，古氧化还原环境、海平面升降变化以及沉积相带这 3 个要素综合控制有机质的富集，它们有各自的特点但也存在共性。氧化还原条件、海平面升降以及沉积相带在纵向上与 TOC 的含量有良好的匹配关系。研究区五峰 – 龙马溪组下段为深水陆棚中心沉积模式，缺氧的环境，古生产力处于较高的水平，沉积速率较缓，沉积的厚度较大，缓慢沉降的稳定海盆以及较高的海平面，是有利于有机质富集的基本条件。

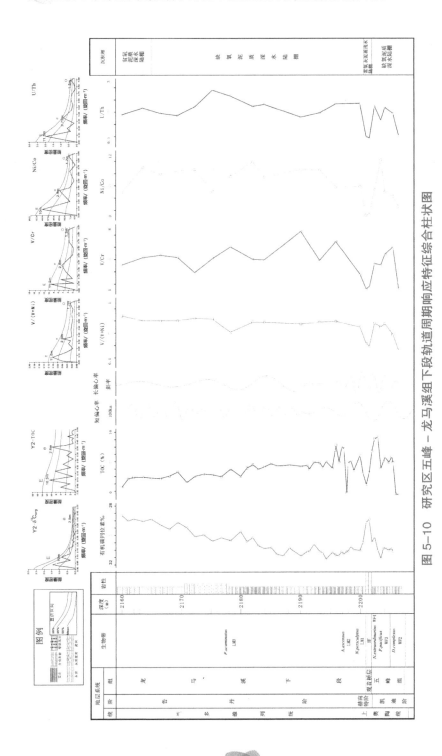

图 5-10 研究区五峰－龙马溪组下段轨道周期响应特征综合柱状图

5.5　小结

从有机质丰度分布、古氧化还原环境、海平面升降、沉积相带以及古环境控制的烃类聚集模式阐述了研究区烃类聚集规律。五峰组 – 龙马溪组下段时期,有机碳含量最高,有机质的聚集较为集中,该时期烃类聚集。从偏心率长周期的变化曲线中可以看出,偏心率的变化幅度,在龙马溪上段及下段地层的中上部变化平缓,没有大的周期波动,而在下段底部地层及五峰组,幅值突然增大,其变化趋势与 TOC 的变化存在一定相关关系,说明地球轨道参数周期的变化在一定程度上也参与着有机质聚集活动,并且强度的增减与有机碳含量高低变化趋势相近。

有机质含量高的层段基本上都是出于缺氧或贫氧的沉积环境。偏心率处于最大值时期,地表的太阳辐射量降低,四季变化明显,冰川易形成,由于温度的降低,使得表层海水温度季节性变化,氧气输入海底,海底处于常氧环境下,不利于有机质的富集。而当偏心率由大到小转换时,从冰期向间冰期过渡,该时期恰好与冰期相反,海水底部缺氧,易于形成富有机质页岩。

相对较高的海平面使研究区中 – 晚奥陶世大暖期和志留纪间冰期时期的沉积水体较深,形成封闭的缺氧环境,使得沉积水体中的有机质能够完好地保存下来。大规模的海退事件使水体底部的溶氧量增加,导致有机质的消耗,不利于有机质的保存。

对研究层段进行沉积相划分,将涧草沟组顶部划分为常氧碳酸盐岩台地相,五峰组下段发育缺氧泥质深水陆棚相,五峰组观音桥层划分为常氧灰泥质浅水陆棚相,龙马溪组底部(TOC 含量大于 2% 的层段)发育缺氧泥质深水陆棚相，龙马溪组下段上部（TOC 含量小于 2%）发育贫氧泥质深水陆棚相，沉积环境总体上由滞留缺氧环境向富氧环境演化。在间冰期大量的有机质来源、上下分层的海水交换受阻会使得底部水体缺氧，主要形成富有机质页岩；而在冰期由于有机质来源减少、海水垂向循环畅通，使得下部水体氧气含量较为充足，因此会形成正常的氧化环境，并发育了大量的底栖冷水生物，消耗有机质。

微量元素指标为滇黔北探区晚奥陶世 – 早志留世时期古海洋氧化还原环境的变化规律提供了进一步的证据。通过对 4 组微量元素比值的频谱分析，识别到了保存较好的偏心率长、短周期和斜率周期，微量元素比值的周期性记录反映了目的层段的古氧化还原环境下沉积相带划分同样受控于地球上的太阳辐射强度，即天文轨道周期的影响。

第 6 章　结论与展望

6.1　结论

通过对滇黔北探区地质演化过程、米兰科维奇旋回理论研究，米氏旋回识别方法的探讨及模型建立和优化，对 Y1 井、Y2 井和 Y3 井开展米兰科维奇旋回研究，并针对 Y2 井五峰－龙马溪组开展生物化石的种属鉴定及描述，最后总结了研究区有机质聚集规律，得出了以下几点结论。

① 研究区内构造变形具有南强北弱、西强东弱的特点；因此，单从构造条件来衡量，滇黔北探区的中北部和东北部的有机质聚集及保存程度更具优势，勘探风险要小于南部。

② 通过对米兰科维奇旋回理论的系统研究，认为地球轨道三参数岁差、斜率及偏心率周期中的偏心率周期更具有稳定性，且在年代久远的地层中更易识别出来，并以偏心率周期为主要参数指标对研究区开展旋回研究。

③米氏旋回研究方法中的时间序列分析法。数据采集依据采样定理，数据间隔选择为 0.125 m，即 1 m 8 个数据点；实现流程中最重要的一步为

数据的预处理，包括去趋势化（detrending）消除长周期趋势，去异常值，预白化（pre-whitening）和去噪点（denoising）用以消除环境因素导致的信号"毛刺"，经此得到的信号既消除了无用的干扰信息，又保存了记录的米兰科维奇周期信号。

④从不同数据长度的对比分析中可以得出以下结论，一维连续小波变换能谱图中能量环的个数即代表周期的个数，与数据序列长度相关。当序列长度逐渐变大，连续小波分析后的能谱图对周期的反应也随之变得更好，而且信号中的周期也更加容易识别，周期个数也增多。也就是说，只要对所分析的数据序列信号曲线设计采样频率符合采样定理的要求时，不管序列长度是变大或变小，相同尺度小波值下周期特征相同，即对小波分析结果中周期所对应的尺度值是没有影响的。

⑤ 数据间隔（采样密度）的大小也就决定了这套研究层段内数据点的个数多少。随着采样密度的加大，数据间隔减小，在小波能谱图上可明显看出能量环的位置逐渐上移，即周期中心频率位置处所对应的小波尺度值逐渐增大，最大尺度值的选择将会影响中心周期频率能谱的完整性。随着间距的减小，内部周期所对应的小波尺度值也在相应增大，小波变换则需要取更大的小波尺度最大值才能够分析到信号内所有的周期，并且，随着采样密度的增大，对周期的刻画也越来越清晰。

⑥ 构建了5种周期模型曲线，通过一维连续小波变换分析各自的周期特征得出：当周期组合形式近似或等于地球轨道参数周期时，该信号的小波模极值处对应的小波尺度值的比值也近似等于轨道周期的理论比值，并且可将该小波尺度曲线近似看作所对应的米兰科维奇周期曲线。其中在小波模极值的识别中不同前人研究，而是采用程序"findpeaks.m"自动识别，

克服了人工识别的主观性和不精确性，提高了工作效率。

⑦ 研究层段五峰 - 龙马溪组含笔石的暗色泥页岩地层，岩性在纵向上具有一定的渐变性，总体上具有向上颜色逐渐变浅，炭质含量逐渐减少，粉砂质和灰质含量逐渐增多的特征。根据岩石、生物组合以及测井曲线特征，将五峰组 - 龙马溪组地层划分为五峰组、龙马溪组下段、龙马溪组上段，分别对 Y2 井、Y1 井及 Y3 井进行米氏旋回研究得出以下结论。Y2 井 A，B 段均保存有较完好的天文轨道周期记录，识别出长、短偏心率旋回分别为 92 个、14 个，1969.25 ~ 2225.125 m 的地层沉积持续时间大概为 10.12 Ma，沉积物平均堆积速率为 25.28 m/Ma，沉积速率的变化也反映出从晚奥陶世时期向早志留世过渡时沉积环境的改变，而且大幅度的堆积速率变化也说明在 O–T 界线处出现过一次地质事件，这极有可能是地球轨道周期的变化所导致的。Y1 井 A 段识别出偏心率长、短周期分别为 22 个、82 个，B 段长、短周期分别为 3 个和 12.5 个，2209.975 ~ 2530.1 m 的地层大概经历了 9.61 Ma，沉积物平均堆积速率为 32.86 m/Ma，沉积速率的变化同样反映出从晚奥陶世时期向早志留世过渡时沉积环境的改变，也再一次证实了在 O–T 界线处出现过一次地质事件（冰期事件），这极有可能是地球轨道周期的变化所导致的。Y3 井 A，B 段均保存有较完好的天文轨道周期记录，1020 ~ 1300 m 的地层大概经历了 9.92 Ma，沉积物平均堆积速率为 26.6 m/Ma。以上 3 口井的沉积速率的变化都反映出了从晚奥陶世时期向早志留世过渡时沉积环境的改变，正是由于 O–T 界线处出现过一次全球地质事件（气候变化），即地球轨道参数周期的变化所导致的。并且这 3 口井分布在整个研究区 3 个边界处，相距甚远，但由识别出的米氏周期得到的地层持续时间却是近似的，

与最新的国际地质年代表所计算的时间也近似一致，说明了该方法的正确性，以及米氏周期的区域和全球可对比性。本次分析处理的 3 口井中，每口井龙马溪组上段以岩性或沉积物颗粒大小进行岩性旋回划分后，得到的旋回个数均对等于该层段所识别的轨道偏心率长周期个数，每个周期期间沉积一套粗粒 – 细粒沉积岩，说明龙马溪组上段地层的岩芯韵律受长轨道偏心率周期的影响与控制，该结论也再一次证实了本次研究手段的适用性及精确性。

⑧通过对 Y2 井取芯段笔石和腕足等古生物化石的研究，一共鉴定出 17 个笔石属、47 个种（亚种）以及存在于观音桥层中的赫南特动物群（*Hirnantia* fauna），并绘制了生物化石地层延限图，结合分析层段的有机碳含量数据及米兰科维奇旋回记录得到以下认识。当偏心率周期由小变大时，气候由暖期进入冰期，TOC 显示低值，该时期目的层中鉴定出的生物种属分异度低；当偏心率周期由大变小时，冰期结束，地球气候系统进入大暖期，TOC 呈现高值，且在此层段鉴定出的生物种属分异度较高；在晚奥陶世 – 早志留世界线处，目的层表现为轨道偏心率由小到大再到小的趋势，气候整体呈现出由暖期进入冰期再到暖期的规律，周期曲线的频繁波动也指明了在此期间气候的强烈频繁变换，也正因如此，在此期间大量生物发生集群绝灭事件，种属分异度低。

⑨将轨道周期结合有机碳同位素指标及微量元素分析测试结果得出：由有机碳同位素曲线的变化可知目的层沉积期间海平面呈现由高到低再到高的趋势，这与我们之前通过轨道偏心率得出的结论一致，偏心率由小到大再到小的变化，导致气候由暖到冷再到暖，使得原始冰盖从消融到扩张再融化，对应海平面的变化；结合有机碳含量变化曲线，能够清晰看出有

机质聚集规律，暖期，TOC 高值，海平面上升，有机碳同位素负漂，对应着轨道偏心率周期由大到小的变化，该时期利于有机质聚集，冰期，TOC 低值，海平面下降，有机碳同位素正漂，对应着轨道偏心率周期由小到大的变化，该时期不利于有机质聚集；通过对微量元素比值的频谱分析，也找寻到了米氏周期的存在。轨道周期的变化作为原始驱动力影响着有机质的富集，体现在沉积物、古氧化还原环境、地化指标等方面。

6.2 不足与展望

本研究主要从旋回地层学、古生物地层学、古生态学和地球化学的角度对区内页岩气地层开展米兰科维奇旋回地层学研究，对生物化石进行鉴别描述，对有机质富集的古环境约束因素进行了较为系统的探讨，但研究工作尚存在一些不足，体现在以下几方面。

① 滇黔北探区 15 183 km² 的面积目前仅有部分区域完成了地震测线部署，探井部署数量过少。本次研究中涉及的探井均为资料较齐全的科学井，但相对研究区面积之大，不足以准确地描述和代表整个工区的分布及变化规律，相信这些问题会随着勘探工作进一步推进而得到解决。

② 对探区内的米兰科维奇旋回研究主要选取自然伽马测井曲线作为目标曲线，虽然能够很准确地对米氏周期进行识别，但若能找到野外剖面资料配合研究对比，将会更加完善目的层的旋回地层研究工作；对于研究区的米兰科维奇旋回工作前人并未涉及，对于目的层的米氏旋回探讨更是首例，因此本次研究仅从区内出发对五峰－龙马溪组地层开展轨道周期研究，希望今后能够从全盆出发，甚至以国外此层段研究成果为基础，开展全球对比研究工作。

③ 由于资料受限，本次研究仅从有机质丰度、古氧化还原环境、海平面升降、沉积相带以及古环境控制的烃类聚集模式，对研究区内有机质的聚集规律特征展开研究。但烃类的聚集影响因素不仅仅局限在这几方面，想要更加系统准确地探讨，还需要借助更多的参数指标，多学科多领域交叉来全方位地开展工作。

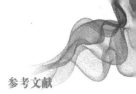

参考文献

［1］陈秉麟，1980.陆相地层的沉积旋回［J］.东北石油大学学报（2）：78–83.

［2］陈留勤，2008.从基本层序地层模式论地层穿时的本质：以滇黔桂盆地泥盆纪层序地层格架为例［J］.西北地质，41（1）：50–58.

［3］陈留勤，2008.从准层序到米级旋回：层序地层学与旋回地层学相互交融的纽带［J］.地层学杂志，32（4）：447–454.

［4］陈留勤，段凯波，霍荣，2009.旋回地层学研究现状和新进展［J］.新疆地质，27（3）：254–258.

［5］陈茂山，1999.测井资料的两种深度域频谱分析方法及在层序地层学研究中的应用［J］.石油地球物理勘探，34（1）：57–64.

［6］陈清华，刘池阳，李琴，2003.米兰柯维奇地质定年方法的数学表达及其意义［J］.西北大学学报（自然科学版），33（5）：599–602.

［7］程日辉，王国栋，王璞珺，2008.松辽盆地白垩系泉三段—嫩二段沉积旋回与米兰科维奇周期［J］.地质学报，82（1）：55–64.

［8］陈尚斌，朱炎铭，王红岩，2011.四川盆地南缘下志留统龙马溪组页岩气储层矿物成分特征及意义［J］.石油学报，32（5）：775-782.

［9］陈文一，刘家仁，王中刚，2003.贵州峨眉山玄武岩喷发期的岩相古地理研究［J］.古地理学报，5（1）：17-28.

［10］陈中强，杨建国，1996.米兰柯维奇旋回在我国前第四纪地层之保存［J］.微体古生物学报（1）：65-73.

［11］滇黔桂石油地质志编写组，1992.中国石油地质志（卷十一）：滇黔桂油气区［M］.北京：石油工业出版社：1-212.

［12］戴新刚，1996.从米兰柯维奇到贝尔热：古气候天文学理论简介［J］.沙漠与绿洲气象（2）：52-53.

［13］丁仲礼，2006.米兰科维奇冰期旋回理论：挑战与机遇［J］.第四纪研究，26（5）：710-717.

［14］房文静，范宜仁，邓少贵，2007.测井数据小波变换用于准层序研究［J］.地层学杂志，31（3）：303-308.

［15］房文静，范宜仁，李霞，2007.基于测井数据小波变换的准层序自动划分［J］.吉林大学学报，37（4）：833-836.

［16］付文钊，余继峰，杨锋杰，2013.测井记录中米氏旋回信息提取及其沉积学意义：以济阳坳陷区为例［J］.中国矿业大学学报，42（6）：1025-1032.

［17］高迪，郭变青，邵龙义，2012.基于MATLAB的小波变换在沉积旋回研究中的应用［J］.物探化探计算技术，34（4）：444-448.

［18］公言杰，龚伟，2009.济阳坳陷石炭—二叠系米氏旋回层识别［J］.内蒙古石油化工（23）：30-32.

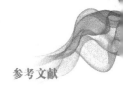

［19］龚一鸣，李保华，吴诒，2001.泥盆系弗拉阶／法门阶之交米兰柯维奇旋回及高分辨率地层对比［J］.地质学报，75（4）：440-440.

［20］龚一鸣，杜远生，童金南，2008.旋回地层学：地层学解读时间的第三里程碑［J］.地球科学，33（4）：443-457.

［21］龚一鸣，徐冉，汤中道，2004.广西上泥盆统轨道旋回地层与牙形石带的数字定年［J］.中国科学（地球科学），34（7）：635-643.

［22］顾震年，2002.古气候记录指示的天文周期分析［J］.天文学报，43（4）：432-442.

［23］贵州省地质矿产局，1987.中华人民共和国地质矿产部地质专报：区域地质，第7号：贵州省区域地质志［M］.北京：地质出版社：5-346.

［24］黄春菊，2014.旋回地层学和天文年代学及其在中生代的研究现状［J］.地学前缘，21（2）：48-66.

［25］胡受权，郭文平，邵荣松，2000.泌阳断陷下第三系核三上段高频层序中米兰柯维奇天文旋回信息［J］.矿物岩石，20（3）：29-34.

［26］胡受权，郭文平，2002.断陷湖盆陆相层序中高频层序的米氏旋回成因探讨［J］.中山大学学报（自然科学版），41（6）：91-94.

［27］贾承造，赵文智，2002.层序地层学研究新进展［J］.石油勘探与开发，29（5）：1-4.

［28］江大勇，郝维城，1999.广西泥盆系吉维特阶上部地层中的化学旋回与米兰柯维奇偏心率旋回［J］.科学通报，44（9）：989-992.

［29］金毓荪，隋新光，2006.陆相油藏开发论［M］.北京：石油工业出版社.

［30］金之钧，李京昌，1997.米兰科维奇旋回识别问题［J］.地学前缘（3）：22-22.

［31］金之钧，范国章，刘国臣，1999.一种地层精细定年的新方法［J］.地球科学（中国地质大学学报），24（4）：379-382.

［32］刘冰，范宜仁，李霞，2006.小波变换用于测井沉积旋回界面划分研究［J］.测井技术，30（4）：310-312.

［33］李斌，孟自芳，李相博，2005.靖安油田延长组米兰柯维奇沉积旋回分析［J］.地质科技情报，24（2）：64-70.

［34］刘宝珺，王剑，谢渊，2002.当代沉积学研究的新进展与发展趋势：来自第三十一届国际地质大会的信息［J］.沉积与特提斯地质，22（1）：1-6.

［35］李凤杰，郑荣才，罗清林，2007.四川盆地东北地区长兴组米兰科维奇周期分析［J］.中国矿业大学学报，36（6）：805-810.

［36］李凤杰，赵俊兴，2007.基于MATLAB的测井曲线频谱分析及其在地质研究中的应用：以川东北地区二叠系长兴组为例［J］.天然气地球科学，18（4）：531-534.

［37］李广，章新平，吴华武，2014.云南大气降水中 $\delta^{18}O$ 与气象要素及水汽来源之间的关系［J］.自然资源学报，29（6）：1043-1052.

［38］雷克辉，段建康，1998.在小波时频域中研究沉积旋回［J］.石油地球物理勘探，33（s1）：72-78.

［39］刘津，2013.陆相层序地层学的研究现状与发展趋势［J］.长江大学学报（自然科学版）（32）：55-58.

［40］刘杰，孙美静，苏明，2016.神狐海域水合物钻探区第四纪米氏旋

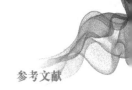

回高频层序地层划分［J］.海洋地质与第四纪地质（2）：11–18.

［41］李培廉，盛蔚，1994.米氏旋回在平湖油气田高分辨率层序地层分析中的应用［J］.中国海上油气（3）：171–177.

［42］李庆谋，刘少华，2002.地球物理测井序列的小波波谱方法［J］.地球物理学进展，17（1）：78–83.

［43］李前裕，田军，汪品先，2005.认识偏心率周期的地层古气候意义［J］.地球科学（中国地质大学学报），30（5）：519–528.

［44］刘立，薛林福，1994.旋回地层学的基本原理与研究方法［J］.世界地质（3）：86–91.

［45］李文宝，王汝建，2016.近2 Ma BP以来地球轨道参数周期上全球海平面变化机制［J］.地球科学，41（5）：742–756.

［46］陆先亮，李琴，栾志安，2003.基于米兰柯维奇理论的地层划分新方法［J］.中国石油大学学报（自然科学版），27（5）：4–7.

［47］柳永清，1998.地球轨道旋回沉积节律研究进展：兼论轨道旋回的沉积学特征、年代学意义和研究方法［J］.地球科学进展，13（3）：217–224.

［48］柳永清，孟祥化，葛铭，1999.华北地台中寒武世鲕滩碳酸盐旋回沉积、古海平面变动控制及旋回年代学研究［J］.地质科学，（4）：442–450.

［49］李艳芳，邵德勇，吕海刚，2015.四川盆地五峰组—龙马溪组海相页岩元素地球化学特征与有机质富集的关系［J］.石油学报，36（12）：1470–1483.

［50］穆恩之，李积金，葛梅钰，等，2002.中国笔石［M］.北京：科学

出版社：1072.

[51]毛凯楠，解习农，徐伟，2012. 基于米兰科维奇理论的高频旋回识别与划分：以琼东南盆地梅山组和三亚组地层为例［J］. 石油实验地质，34（6）：641-647.

[52]梅冥相，1993.碳酸盐岩米级旋回层序的成因类型及形成机制［J］. 沉积与特提斯地质（6）：34-43.

[53]梅冥相，1995.费希尔图解法在识别和定义长周期海平面变化中的应用［J］.沉积与特提斯地质（1）：44-51.

[54]梅冥相，1995.碳酸盐旋回与层序［M］.贵州科技出版社.

[55]梅冥相，徐德斌，周洪瑞，2000.米级旋回层序的成因类型及其相序组构特征［J］.沉积学报，18（1）：43-65.

[56]孟祥化，葛铭，1996.中国晚寒武世长山期最大海泛事件及其全球对比意义［J］.地质学报（2）：108-120.

[57]齐永安，崔建国，1998.米兰柯维奇旋回及沉积作用［J］. 焦作工学院学报（5）：331-335.

[58]乔彦国，时志强，王艳艳，2012.四川广元上寺剖面晚二叠世—早三叠世旋回地层：基于小波分析的P-T界线地质事件探讨［J］.古地理学报，14（3）：403-410.

[59]戎嘉余，黄冰，2014. 生物大灭绝研究三十年［J］. 中国科学（地球科学），44（3）：377-404.

[60]戎嘉余，陈旭，王怿，2011.奥陶–志留纪之交黔中古陆的变迁：证据与启示［J］.中国科学（地球科学），41（10）：1407-1415.

[61]四川省地质矿产局，1991. 中华人民共和国地质矿产部地质专报（区

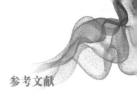

域地质），第23号：四川省区域地质志［M］.北京：地质出版社：47-242.

［62］石广玉，刘玉芝，2006.地球气候变化的米兰科维奇理论研究进展［J］.地球科学进展，21（3）：278-285.

［63］孙美静，刘杰，2014.米氏旋回在涠西南凹陷WZ11-4N油田高频层序地层识别与对比中的应用［J］.沉积与特提斯地质，34（3）：64-71.

［64］沈玉林，秦勇，郭英海，2016.基于米氏聚煤旋回划分的西湖凹陷平湖组煤系烃源岩发育特征［J］.石油学报，37（6）：706-714.

［65］汤大清，陈锡礼，郁曾思，1988.川南农业气候区划［J］.资源开发与保护杂志，4（2）：43-48.

［66］唐凯，唐正宏，陶金河，2016.地球运动的长期演化研究进展［J］.天文学进展，34（2）：181-195.

［67］陶云，赵荻，何华，2007.云南省大气中水资源分布特征初探［J］.应用气象学报，18（4）：506-515.

［68］吴峰，郭来源，张道军，2016.基于高精度岩芯扫描元素数据的高频层序划分：以西科1井第四系生物礁滩体系为例［J］.地质科技情报（5）：42-51.

［69］王鸿祯，2006.地层学的几个基本问题及中国地层学可能的发展趋势［J］.地层学杂志，30（2）：97-102.

［70］王立峰，1994.冀中中奥陶统高频率旋回层序的基本特征［J］.沉积与特提斯地质（6）：49-58.

［71］吴怀春，张世红，冯庆来，2011.旋回地层学理论基础、研究进展

和展望［J］.地球科学，36（3）：409-428.

［72］吴怀春，王成善，张世红，2011."地时"（Earthtime）研究计划："深时"（deep time）记录的定年精度与时间分辨率［J］.现代地质，25（3）：419-428.

［73］伍坤宇，2015.晚奥陶—早志留世古海洋环境对页岩气资源潜力的约束：以滇黔北研究区为例［D］.西南石油大学.

［74］汪品先，2006.编制地球的"万年历"［J］.自然杂志，28（1）：1-6.

［75］汪品先，2006.地质计时的天文"钟摆"［J］.海洋地质与第四纪地质，26（1）：1-7.

［76］王文娟，杨光朋，张杰，2015.宁探1井中下寒武统米氏旋回特征［J］.中国科技信息（8）：81-83.

［77］吴兴宁，赵宗举，2005.塔中地区奥陶系米级旋回层序分析［J］.沉积学报，23（2）：310-315.

［78］魏学强，李辉峰，杨超，2013.基于广义S变换的沉积旋回分析方法研究［J］.西安石油大学学报（自然科学版），28（4）：35-40.

［79］吴智勇，1995.米兰科维奇韵律层及其年代地层意义［J］.地层学杂志（2）：156-160.

［80］吴智勇，姜衍文，1996.全球旋回地层学述评［J］.石油与天然气地质，17（1）：15-21.

［81］吴智勇，姜衍文，1996.米兰柯维奇旋回及旋回沉积作用［J］.国土资源导刊（4）：246-249.

［82］徐道一，张海峰，韩延本，2007.陆相沉积的天文地层研究方法简介：

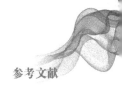

以井下地层为例［J］．地层学杂志，31（2）：431–442.

［83］徐钦琦，1980.地球轨道与气候演变的关系［J］.科学通报，25（4）：180–182.

［84］徐强，姜烨，董伟良，2003.中国层序地层研究现状和发展方向［J］.沉积学报，21（1）：155–167.

［85］徐伟，解习农，2012.基于米兰科维奇周期的沉积速率计算新方法：以东营凹陷牛38井沙三中为例［J］.石油实验地质，34（2）：207–214.

［86］谢小敏，胡文瑄，王小林，2009.新疆柯坪地区寒武纪–奥陶纪碳酸盐岩沉积旋回的碳氧同位素研究［J］.地球化学，38（1）：75–88.

［87］杨国臣，于炳松，2009.层序地层学的发展现状及其学科地位与研究前沿［J］.石油地质与工程，23（2）：1–4.

［88］伊海生，2011.测井曲线旋回分析在碳酸盐岩层序地层研究中的应用［J］.古地理学报，13（4）：456–466.

［89］余继峰，付文钊，袁学旭，2010.测井沉积学研究进展［J］.山东科技大学学报（自然科学版），29（6）：1–8.

［90］杨俊才，马飞宙，2014.单岩性米级旋回在旋回地层划分中识别：以北京西山张夏组为例［J］.地层学杂志，38（3）：311–316.

［91］袁学旭，郭英海，赵志刚，2013.以米氏旋回为标尺进行测井层序划分对比：以东海西湖凹陷古近–新近系地层为例［J］.中国矿业大学学报，42（5）：766–773.

［92］袁学旭，郭英海，沈玉林，2013.以米兰科维奇周期为约束的层序

地层划分研究［J］. 煤炭科学技术, 41（12）: 105-109.

［93］钟萃相, 2014. 全球气候变化及冰期与间冰期交替的原因及其计算
［J］. 科技创新导报, 29（29）: 117-121.

［94］张金川, 陈建文, 1996. 米兰柯维奇理论与地层旋回［J］. 海洋地
质前沿（8）: 7-9.

［95］郑民, 彭更新, 雷刚林, 2007. 频谱分析法确定乌什凹陷白垩系米
氏沉积旋回及沉积速率［J］. 新疆石油地质, 28（2）: 170-174.

［96］张勤文, 徐道一, 1986. 天文地质学进展［M］. 海洋出版社.

［97］赵庆乐, 张世红, 王婷婷, 2010. 利用 MATLAB 函数识别沉积物中
的米兰柯维奇旋回信号［J］. 吉林大学学报（地球科学版）, 40（5）:
1217-1220.

［98］詹仁斌, 靳吉锁, 刘建波, 2013. 奥陶纪生物大辐射研究: 回顾与
展望［J］. 科学通报（33）: 3357-3371.

［99］周尚哲, 2014. 冰期天文理论的创立与演变［J］. 华南师范大学学报（自
然科学版）（2）: 1-9.

［100］郑兴平, 罗平, 2004. 川东渝北飞仙关组的米兰科维奇周期及其应
用［J］. 天然气勘探与开发, 27（1）: 16-19.

［101］张廷山, 赵国安, 陈桂康, 2016. 我国页岩气革命面临的问题及对
策思考［J］. 西南石油大学学报（社会科学版）, 18（2）: 1-8.

［102］张万诚, 汤阳, 郑建萌, 2012. 夏季风水汽输送对云南夏季旱涝
的影响［J］. 自然资源学报, 27（2）: 293-301.

［103］张翔, 王智, 崔争攀, 2010. 基于测井资料的经验模态分解法
的［J］. 石油天然气学报, 32（5）: 99-103.

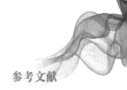

［104］张运波，赵宗举，袁圣强，2011．频谱分析法在识别米兰科维奇旋回及高频层序中的应用：以塔里木盆地塔中 - 巴楚地区下奥陶统鹰山组为例［J］．吉林大学学报（地球科学版），41（2）：400-410．

［105］张运波，王根厚，余正伟，2013．四川盆地中二叠统茅口组米兰科维奇旋回及高频层序［J］．古地理学报，15（6）：777-786．

［106］ANDERSON R Y，1982．A long geoclimatic record from the Permian［J］．Journal of Geophysical Research Oceans，87（C9）：7285-7294．

［107］BERGER A，LOUTRE M F，1991．Insolation values for the climate of the last 10 million years［J］．Quaternary Science Reviews，10（4）：297-317．

［108］BEAUFORT L，1994．Climatic importance of the modulation of the 100 kyr cycle inferred from 16 m.y. long Miocene records［J］．Paleoceanography，9（6）：821-834．

［109］CHAPPELL J，SHACKLETON N J，1986．Oxygen isotopes and sea level［J］．Nature，324（6093）：137-140．

［110］CRAMER B D，SALTZMAN M R，2005．Sequestration of 12C in the deep ocean during the early Wenlock（Silurian）positive carbon isotope excursion［J］．Palaeogeography，Palaeoclimatology，Palaeoecology，219：333-349．

［111］CRICK R E，ELLWOOD B B，HLADIL J，2001．Magnetostratigraphy susceptibility of the Přídolian - Lochkovian（Silurian - Devonian）

GSSP（Klonk，Czech Republic）and a coeval sequence in Anti-Atlas Morocco［J］. Palaeogeography Palaeoclimatology Palaeoecology，167（1）：73-100.

［112］DAVYDOV V I，CROWLEY J L，SCHMITZ M D，2013. High - precision U - Pb zircon age calibration of the global Carboniferous time scale and Milankovitch band cyclicity in the Donets Basin，eastern Ukraine［J］. Geochemistry Geophysics Geosystems，11（2）：Q0AA04.

［113］FISCHER A G，2004. Cyclostratigraphic approach to Earth's history：an introduction［J］. Special Publications of Sepm，37（1-3）：1967-1973.

［114］FLEMING J R，2006. James Croll in context：The encounter between climate dynamics and geology in the second half of the nineteenth century［J］. History of Meteorology（3）：43-53.

［115］GROTZINGER J P，1986. Upward shallowing platform cycles：A response to 2.2 billion years of low-amplitude，high-frequency（Milankovitch band）sea level oscillations［J］.Paleoceanography，1（4）：403-416.

［116］HILGEN F J，1991. Extension of the astronomically calibrated（polarity）time scale to the Miocene/Pliocene boundary［J］. Earth Planet.sci. lett，107（2）：349-368.

［117］HILGEN F J，KUIPER K F，LOURENS L J，2010. Evaluation of the astronomical time scale for the Paleocene and earliest Eocene［J］.

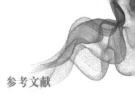

Earth & Planetary Science Letters, 300（1）: 139–151.

［118］HINNOV L A, 2000. New Perspectives on Orbitally Forced Stratigraphy. Annual Review of Earth and Planetary Sciences, 28（1）: 419–475.

［119］HINNOV L A, HILGEN F J, 2012. Chapter 4: Cyclostratigraphy and Astrochronology ［M］// GRADSTEIN F M, OGG J G, SCHMITZ M D, et al. The Geologic Time Scale. Amsterdam: Elsevier: 63–83.

［120］HINNOV L A, 2013. Cyclostratigraphy and its revolutionizing applications in the earth and planetary sciences ［J］. Bulletin of the Geological Society of America, 125（11–12）: 1703–1734.

［121］HOFMANN A, DIRKS P H G M, JELSMA H A, 2004. Shallowing-Upward Carbonate Cycles in the Belingwe Greenstone Belt, Zimbabwe: A Record of Archean Sea-Level Oscillations ［J］. Annales De Réadaptation Et De Médecine Physique, 50（9）: 721–723.

［122］HUANG C, HINNOV L, FISCHER A G, 2010. Astronomical tuning of the Aptian Stage from Italian reference sections ［J］. Geology, 238（10）: 899–903.

［123］HUSSON D, GALBRUN B, LASKAR J, 2011. Astronomical calibration of the Maastrichtian （Late Cretaceous）［J］. Earth & Planetary Science Letters, 305（3–4）: 328–340.

［124］IKEDA M, TADA R, SAKUMA H, 2010. Astronomical cycle origin of bedded chert: A middle Triassic bedded chert sequence,

Inuyama, Japan［J］. Earth & Planetary Science Letters, 297（3）: 369–378.

［125］IMBRIE J I, IMBRIE K P, 1979. Ice Ages: Solving the Mystery［J］. Geographical Review, 70（2）: 141–4.

［126］IMBRIE J, 1984. The orbital theory of Pleistocene climate: support from a revised chronology of the marine O–18 record［J］. Milankovitch & Climate Part, 126（1）: 269–305.

［127］JONES B, MANNING D A C, 1994. Comparison of geochemical indices used for the interpretation of palaeoredox conditions in ancient mudstones［J］. Chemical Geology, 111: 111–129.

［128］KIM J C, YONG I L, 1998. Cyclostratigraphy of the Lower Ordovician Dumugol Formation, Korea: meter–scale cyclicity and sequence–stratigraphic interpretation［J］. Geosciences Journal, 2（3）: 134–147.

［129］KUIPER K F, DEINO A, HILGEN F J, 2008. Synchronizing Rock Clocks of Earth History［J］. Science, 320（5875）: 500–504.

［130］LASKAR J, 2004. Long–term solution for the insolation quantities of the Earth［J］. Proceedings of the International Astronomical Union, 2（14）: 101–106.

［131］MOLNAR P, TAPPONNIER P, 1975. Cenozoic tectonics of Asia: Effects of a continental collision［J］. Science, 189（4201）: 419–426.

［132］NESTOR H, EINASTO R, MÄNNIK P, 2003. Correlation of

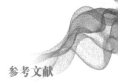
lower-middle Llandovery sections in central and southern Estonia and sedimentation cycles of lime muds ［J］. Proceedings of the Estonian Academy of Sciences Geology, 52: 3-27.

［133］OLSEN P E, KENT D V, CORNET B, 1996. High-resolution stratigraphy of the Newark rift basin (early Mesozoic, eastern North America) ［J］. Geological Society of America Bulletin, 108 (1): 40-77.

［134］OLSEN P E, KENT D V, WHITESIDE J H, 2010. Implications of the Newark Supergroup-based astrochronology and geomagnetic polarity time scale (Newark-APTS) for the tempo and mode of the early diversification of the Dinosauria ［J］. Earth & Environmental Science Transactions of the Royal Society of Edinburgh, 101 (3-4): 201-229.

［135］PETIT J R, JOUZEL J, RAYNAUD D, 1999. Climate and atmospheric history of the past 420, 000 years from the Vostok ice core, Antarctica ［J］. Nature, 399 (6735): 429-436.

［136］PROKOPENKO A A, HINNOV L A, WILLIAMS D F, 2006. Orbital forcing of continental climate during the Pleistocene: a complete astronomically tuned climatic record from Lake Baikal, SE Siberia ［J］. Quaternary Science Reviews, 25 (23): 3431-3457.

［137］RODIONOV V P, DEKKERS M J, KHRAMOV A N, 2003. Paleomagnetism and Cyclostratigraphy of the Middle Ordovician

Krivolutsky Suite, Krivaya Luka Section, Southern Siberian Platform: Record of Non-Synchronous NRM-Components or a Non-Axial Geomagnetic Field [J]. Studia Geophysica Et Geodaetica, 47 (2): 255-274.

[138] SCHEFFLER K, BUEHMANN D, SCHWARK L, 2006. Analysis of late Palaeozoic glacial to postglacial sedimentary successions in South Africa by geochemical proxies: Response to climate evolution and sedimentary environment [J]. Palaeogeography, Palaeoclimatology, Palaeoecology, 240: 184-203.

[139] SCHWARZACHER W, 1954. Die Großrhythmik des Dachsteinkalkes von Lofer [J]. Tschermaks Mineralogische Und Petrographische Mitteilungen, 4 (1-4): 44-54.

[140] SCHWARZACHER W, 2004.Obtaining Timescales for Cyclostratigraphic Studies [J].Special Publications, 卷（期）297-302.

[141] STRASSER A, HILGEN F J, HECKEL P H, 2007. Cyclostratigraphy - concepts, definitions, and applications [J]. Newsletters on Stratigraphy, 42 (2): 75-114.

[142] SUN Y, CLEMENS S C, AN Z, 2006. Astronomical timescale and palaeoclimatic implication of stacked 3.6-Myr monsoon records from the Chinese Loess Plateau [J]. Quaternary Science Reviews, 25 (1): 33-48.

[143] TUCKER M, GARLAND J, 2010. High-frequency cycles and their sequence stratigraphic context: Orbital forcing and tectonic controls on

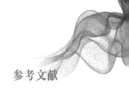
Devonian cyclicity, Belgium ［J］. Geologica Belgica, 13（3）: 213–240.

［144］WAELBROECK C, LABEYRIE L, MICHEL E, 2002. Sea-level and deep water temperature changes derived from benthic foraminifera isotopic records ［J］. Quaternary Science Reviews, 21（1）: 295–305.

［145］WAN T, 2011. The tectonics of China : Data, maps and evolution ［M］. Beijing: Higher Education Press: 27–284.

［146］WESTERHOLD T, ROHL U, RAFFI I, 2008. Astronomical calibration of the Paleocene time ［J］. Palaeogeography, Palaeoclimatology, Palaeoecology, 257（4）: 377–403.

［147］ZHANG S, WANG X, HAMMARLUND E U, 2015. Orbital forcing of climate 1.4 billion years ago ［J］. Proc. Natl. Acad. Sci. USA（12）: 1406–13.

［148］ZHANG S, WANG X, WANG H, 2016. Sufficient oxygen for animal respiration 1400 million years ago ［J］. Proceedings of the National Academy of Sciences of the United States of America, 113（7）: 1731.

附　　录

1．denoising.m

```
function ［sigDEN，wDEC］=func_denoise_sw1d（SIG）

% SIG：vector of data%

% sigDEN：vector of denoised data

% wDEC：stationary wavelet decomposition

% Analysis parameters.

wname='sym8';

level=5;

% Denoising parameters.

% meth='sqtwolog';

% scal_OR_alfa=one;

sorh='s';     % Specified soft or hard thresholding

thrSettings= {...
```

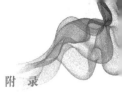

```
[ 1.000000000000000    4352.000000000000000    4.085741570442555; ]; ...

[ 1.000000000000000    4352.00000000000000     4.085741570442555; ]; ...

[ 1.000000000000000    4352.000000000000000    4.085741570442555; ]; ...

[ 1.000000000000000    4352.000000000000000    4.085741570442555; ]; ...

[ 1.000000000000000    4352.000000000000000    4.085741570442555; ]; ...

    };

% Decompose using SWT.

wDEC=swt ( SIG, level, wname ) ;

% Denoise.

len=length ( SIG ) ;

for k=1: level

    thr_par=thrSettings{k};

    if ~ isempty ( thr_par )

        NB_int=size ( thr_par, 1 ) ;

        x        = [ thr_par ( : , 1 ) ; thr_par ( NB_int, 2 ) ] ;

        x        =round ( x ) ;

        x ( x < 1 ) =1;

        x ( x > len ) =len;

        thr=thr_par ( : , 3 ) ;

        for j=1: NB_int

        if j==1 , d_beg=0; else d_beg=1; end

        j_beg=x ( j ) +d_beg;

        j_end=x ( j+1 ) ;
```

```
    j_ind=（j_beg：j_end）；

    wDEC（k，j_ind）=wthresh（wDEC（k，j_ind），sorh，thr（j））；

  end

 end

end

% Reconstruct the denoise signal using ISWT.

sigDEN=iswt（wDEC，wname）；
```

2. model−length.m

```
  %%The establishment of Milankovitch cycle model in chapter 3

  %%By use the Sine Functions of the y=sin（x）

  %Notice that X−Input angle in radians

  x1=0：2*pi/400：2*pi；

    y1=sin（x1）+sin（4*x1）+sin（10*x1）+sin（20*x1）；

      axis（［0 400−5 5］）

  x2=0：4*pi/800：4*pi；

    y2=sin（x2）+sin（4*x2）+sin（10*x2）+sin（20*x2）；

      axis（［0 800−5 5］）

  x3=0：6*pi/1200：6*pi；

    y3=sin（x3）+sin（4*x3）+sin（10*x3）+sin（20*x3）；

      axis（［0 1200−5 5］）

  subplot（3，1，1）；plot（x1，y1）；

  subplot（3，1，2）；plot（x2，y2）；
```

subplot（3，1，3）；plot（x3，y3）

%end

3. model-interval.m

%%The establishment of Milankovitch cycle model in chapter 3

%%By use the Sine Functions of the y=sin（x）

%Notice that X-Input angle in radians

x1=0：4*6*pi/1200：6*pi；

  y1=sin（x1）+sin（4*x1）+sin（10*x1）+sin（20*x1）；

    axis（［0 1200-5 5］）

x2=0：2*6*pi/1200：6*pi；

  y2=sin（x2）+sin（4*x2）+sin（10*x2）+sin（20*x2）；

    axis（［0 1200-5 5］）

x3=0：6*pi/1200：6*pi；

  y3=sin（x3）+sin（4*x3）+sin（10*x3）+sin（20*x3）；

    axis（［0 1200-5 5］）

subplot（3，1，1）；plot（x1，y1）；

subplot（3，1，2）；plot（x2，y2）；

subplot（3，1，3）；plot（x3，y3）；

%end

4. model_signal.m

%% The establishment of Milankovitch cycle model in chapter 3

```
%% By use the Sine Functions of the y=sin（x）

% Notice that X-Input angle in radians

% create the curve 'sinx'

x1=0：10*pi/2000：10*pi;

  y1=sin（x1）；

    axis（［0 2000-5 5］）；

% create the curve 'sin4x'

x2=0：10*pi/2000：10*pi;

  y2=sin（4*x2）；

    axis（［0 2000-5 5］）；

% create the curve sin10x

x3=0：10*pi/2000：10*pi;

  y3=sin（10*x3）；

    axis（［0 2000-5 5］）；

% create the curve 'sinx+sin4x'

x4=0：10*pi/2000：10*pi;

  y4=sin（x4）+sin（4*x4）；

    axis（［0 2000-5 5］）；

% create the curve 'sinx+sin4x+sin10x'

x5=0：10*pi/2000：10*pi;

  y5=sin（x5）+sin（4*x5）+sin（10*x5）；

    axis（［0 2000-5 5］）；

% figure out
```

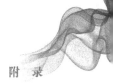
subplot（5，1，1）; plot（x1，y1）;

subplot（5，1，2）; plot（x2，y2）;

subplot（5，1，3）; plot（x3，y3）;

subplot（5，1，4）; plot（x4，y4）;

subplot（5，1，5）; plot（x5，y5）;

% end

5. model_milankovitch.m

%% The establishment of Milankovitch cycle model in chapter 3

%% By use the Sine Functions of the y=sin（x）

% Notice that X–Input angle in radians

% create the curve 'sinx'

x1=0：10*pi/2000：10*pi;

　y1=sin（x1）;

　　axis（[0 2000–5 5]）;

% create the curve 'sin4x'

x2=0：10*pi/2000：10*pi;

　y2=sin（4*x2）;

　　axis（[0 2000–5 5]）;

% create the curve 'sin10x'

x3=0：10*pi/2000：10*pi;

　y3=sin（10*x3）;

　　axis（[0 2000–5 5]）;

```
% create the curve 'sin20x'
x4=0：10*pi/2000：10*pi;
   y4=sin（20*x4）;
     axis（［0 2000-5 5］）;
% create the curve 'sinx+sin4x+sin10x+sin20x'
x5=0：10*pi/2000：10*pi;
   y5=sin（x5）+sin（4*x5）+sin（10*x5）+sin（20*x5）;
     axis（［0 2000-5 5］）;
% figure out
subplot（5，1，1）; plot（x1，y1）;
subplot（5，1，2）; plot（x2，y2）;
subplot（5，1，3）; plot（x3，y3）;
subplot（5，1，4）; plot（x4，y4）;
subplot（5，1，5）; plot（x5，y5）;
% end
```

6. findpeaks.m

```
x=linspace（0，1，1024）;
Pos=［0.1 0.13 0.15 0.23 0.25 0.40 0.44 0.65 0.76 0.78 0.81］;
Hgt=［4 5 3 4 5 4.2 2.1 4.3 3.1 5.1 4.2］;
Wdt=［0.005 0.005 0.006 0.01 0.01 0.03 0.01 0.01 0.005 0.008 0.005］;
PeakSig=zeros（size（x））;
for n=1：length（Pos）
```

PeakSig=PeakSig + Hgt（n）./（1 + abs（（x － Pos（n））./Wdt（n）））.^4;

end

［pks，locs］=findpeaks（PeakSig）;

plot（x，PeakSig），hold on

% Offset values of peak heights for plotting

plot（x（locs），pks+0.05，'k^'，'markerfacecolor'，［1 0 0］），

hold off

注：对 MATLAB 程序代码的编写，不应该出现中文字符，一律在英文字符格式下输入代码命令语句。

攻读博士学位期间发表的论文及科研成果

［1］ Lang J，Zhang T.S.，Zhu H.H.，et al.，Cyclostratigraphy under the Control of Orbital Periods： A Case Study of the Late Ordovician-early Silurian Strata ［J］.Journal of Coastal Research，2018，83：369-374.（SCI）

［2］ Zhu H.H.，Zhang T.S.，Lang J.，et al.，Influence of Black Shale Composition on Methane Adsorption and Gas Content：Implications For Gas Storage in the Longmaxi Black Shal ［J］，Earth Sciences Research Journal，2018，22：59-63.（SCI）

［3］ Lang J，Zhang T.S.，Zhu H.H.，et al.，Establishment and Application of the Ideal Model to the Milankovitch Cycle： A Case Study of Well Y9 in the Northern Yunnan-Guizhou Area ［J］.Journal of Coastal Research，2018，83：402-408.（SCI）

［4］ Lang J，Zhang T.S.，Zhu H.H.，et al.，The study on the astronomical orbital period information and paleoclimatic climate change in the Late Triassic Xujiahe period in eastern Sichuan basin ［C］// 20th International Sedimentological Congress，2018，Québec，Canada.